ROBO-ONEにチャレンジ！

二足歩行ロボット自作ガイド

一般社団法人
二足歩行ロボット協会 ● 編

Ohmsha

本書に掲載されている会社名・製品名は、一般に各社の登録商標または商標です。

本書を発行するにあたって、内容に誤りのないようできる限りの注意を払いましたが、本書の内容を適用した結果生じたこと、また、適用できなかった結果について、著者、出版社とも一切の責任を負いませんのでご了承ください。

本書は、「著作権法」によって、著作権等の権利が保護されている著作物です。本書の複製権・翻訳権・上映権・譲渡権・公衆送信権（送信可能化権を含む）は著作権者が保有しています。本書の全部または一部につき、無断で転載、複写複製、電子的装置への入力等をされると、著作権等の権利侵害となる場合があります。また、代行業者等の第三者によるスキャンやデジタル化は、たとえ個人や家庭内での利用であっても著作権法上認められておりすせんので、ご注意ください。
　本書の無断複写は、著作権法上の制限事項を除き、禁じられています。本書の複写複製を希望される場合は、そのつど事前に下記へ連絡して許諾を得てください。

(社)出版者著作権管理機構
(電話 03-3513-6969, FAX 03-3513-6979, e-mail: info@jcopy.or.jp)

JCOPY ＜(社)出版者著作権管理機構 委託出版物＞

はじめに

「なぜ二足歩行ロボットを開発するのか？」と言われ続けて久しい。

人間のみが進化を遂げ、二足歩行を行うようになったわけで、それが人間と共に活動するロボットにおいても究極の姿だと考えています。

数百万年かけた人類の進化を簡単にコピーし、ロボットで実現することは、期待は大きいが困難な技術開発であることも事実です。しかし、私たちや未来の世代の人たちが、豊かで楽しく暮らせる社会を築くために、二足歩行ロボットが、あるいはその技術が、必ず必要になると確信しています。

さらに人間がかくありたいという理想の姿を、肉体的制約を超えて実現するのが、究極のロボットの姿であろうと考えます。

そのロボットはきっと、強さと賢さ、そして思いやりを兼ね備えた存在ではないでしょうか。夢のような存在ですが、追い求め続ける価値のある夢だと思います。

ロボット技術を発展させるにあたり、（一社）二足歩行ロボット協会は生命の進化になぞらえ、まずロボットによる二足歩行の実現とその競技化から着手しました。かつては難しいとされてきた二足歩行ロボットでしたが、2002年から始まったROBO-ONEの中だけでも、その技術は驚くべきスピードで進化してきました。新たな課題を与えるたびにロボットとエンジニア達はそれを乗り越え、いまや歩く、起き上がるといったレベルは当たり前となり、格闘試合を繰り返し行っても耐えるほどの強さを実現するに至っています。

一方、昨今のセンシング技術の向上やディープラーニングの実用化により、ロボットの知覚・知能面も、劇的な発展を遂げています。今後はこれらのハードウェア・ソフトウェアを統合できるものづくりエンジニアが、さらに世に求められるようになるでしょう。ROBO-ONE経験者のますますの活躍が期待できます。

人間の平均寿命も伸びています。年齢問わず誰もが豊かに楽しく暮らせるようにこれからの社会を築いていくためには、二足歩行ロボットの技術やROBO-ONEの精神は、必ず役に立つと確信しています。

本協会はロボットコンテストを通じ、またその枠を超えて、新世代のエンジニアの育成、そして二足歩行ロボットのさらなる発展に貢献していきたいと考えています。

2018年3月

　　　　　　　　　　　　　　　　　　　　　一般社団法人二足歩行ロボット協会
　　　　　　　　　　　　　　　　　　　　　　理事長　西村　輝一　（株式会社人工知能ロボット研究所）

目次　Contents

1章　これからはじめる二足歩行ロボット　　1

1-1　二足歩行ロボットの3つの技術　　2
- 1-1-1　サーボモータを知る　　2
- 1-1-2　運動学を理解する　　2
- 1-1-3　ロボットの脚構造　　4
- 1-1-4　ロボットの姿勢を知る　　6

1-2　二足歩行ロボットの開発環境の概要　　6
- 1-2-1　コントロールボード　Arduino　　6
- 1-2-2　パソコン　　7

1-3　本書で目指す二足歩行ロボット　　8

2章　ROBO-ONEについて　　9

2-1　ROBO-ONEとは　　10
2-2　ROBO-ONEの進化の歴史　　10
2-3　ROBO-ONEの見どころ　　11
- 2-3-1　大技の瞬間を見逃すな！　　11
- 2-3-2　出場できるロボットは？　　11

2-4　ROBO-ONEの競技内容について　　12
- 2-4-1　3つの競技カテゴリー　　12
- 2-4-2　大会を生で見たい！　　14

2-5　ROBO-ONE競技規則　　14
- 2-5-1　試合形式　　15
- 2-5-2　ダウンの規定　　15
- 2-5-3　タイムの取得　　16
- 2-5-4　ロボットの操縦方法　　16
- 2-5-5　禁止事項　　16
- 2-5-6　予選　　17
- 2-5-7　認定大会　　18

2-6　ROBO-ONEの技　　18
- 2-6-1　すくい上げ　　18
- 2-6-2　ひねりたおし　　19

2-6-3	すくい投げ（大技）	19
2-6-4	前転キック（大技）	20

2-7 ROBO-剣と競技規則　20
- 2-7-1　ROBO-剣とは　20
- 2-7-2　競技規則　21

2-8 ROBO-ONE／ROBO-剣の今後　23

3章　ロボットの駆動部分：サーボについて　25

3-1 サーボとその変遷　26
3-2 サーボとは　27
- 3-2-1　サーボの概要　28
- 3-2-2　ロボット用サーボがサポートするインタフェース　28
- 3-2-3　マルチドロップ接続　30
- 3-2-4　シリアル通信　31
- 3-2-5　通信プロトコル　32
- 3-2-6　コントロールテーブル　33
- 3-2-7　ホストコントローラ　34

3-3 近藤科学のサーボ　34
- 3-3-1　KRSシリーズの種類　35
- 3-3-2　シリーズ構成　37
- 3-3-3　B3Mの紹介　38
- 3-3-4　パラメータ設定　38
- 3-3-5　サーボマネージャ　40
- 3-3-6　PCとの接続　41
- 3-3-7　配線　41
- 3-3-8　PWM制御　42
- 3-3-9　使用方法：コントロールボード RCB-4　42
- 3-3-10　使用方法：PC　45
- 3-3-11　使用方法：マイコンボード　45
- 3-3-12　まとめ　46

3-4 双葉電子工業のサーボ　46
- 3-4-1　サーボの概要　46
- 3-4-2　パソコンでサーボを動かす　48
- 3-4-3　特徴的な機能　50

3-5 Dynamixelとは　52
- 3-5-1　ラインナップ　52
- 3-5-2　Dynamixelがサポートするインタフェースとコネクタ　53
- 3-5-3　通信プロトコル　54
- 3-5-4　Dynamixelのコントロールテーブル　55

3-5-5　ホストコントローラ 57
3-5-6　PC から Dynamixel を制御する（Python 編）............................ 60

4章　Arduino によるサーボ制御　　67

4-1　Arduino とは 68
4-2　色々な Arduino ボード 68
4-3　Arduino の開発環境 69
4-4　Arduino Uno のハードウェア 72
4-4-1　ATmega328P 73
4-4-2　RAM とフラッシュメモリ 73
4-4-3　PWM 74
4-4-4　A/D コンバータ（アナログ—デジタル変換器）......................... 74
4-4-5　デジタル I/O 74
4-4-6　シリアル通信 74
4-5　I/O シールドでプログラミング 78
4-5-1　PSD センサのデータを取り込むスケッチ 79
4-5-2　PWM サーボを制御するスケッチ 80
4-5-3　ToF 距離センサと 2 軸 PWM サーボを制御するスケッチ 82
4-5-4　16 軸の PWM サーボをコントロールできるボードを使う 84
4-6　Arduino で KRS サーボを使用する方法 87
4-6-1　必要な製品 87
4-6-2　ハードウェアシリアルとソフトウェアシリアル........................ 88
4-6-3　準備 88
4-6-4　ライブラリの概要 89
4-6-5　サンプルプログラム 91
4-6-6　ICS のコマンドについて 94
4-6-7　setPos( ) 関数の処理 95
4-6-8　プログラムの実行 98
4-7　Arduino で双葉電子工業のサーボを動かす（制御／情報取得）........... 99
4-7-1　Arduino で何ができるのか 99
4-7-2　何をするのか 99
4-7-3　Arduino とサーボの接続方法 99
4-7-4　サーボを動かしてみる 101
4-7-5　サーボの角度データを取得してみる 102
4-7-6　他にはどんなことができるのか 104
4-8　Dynamixel を Arduino で制御する 104
4-8-1　DXSHIELD 104
4-8-2　DXSHIELD 用の Arduino ライブラリ 106

5章 ロボットアームを作ろう 109

5-1 ロボットの構造 110
5-1-1 サーボ 110
5-1-2 Arduino Uno ボードとサーボ接続 112
5-2 ROBO-剣用スケッチ 113
5-3 ROBO-剣の遠隔操縦部門に参加しよう 116
5-4 最新競技規則対応 118
5-4-1 竹ひごを使った竹刀の製作 118
5-4-2 吸盤により固定するスタンドの製作 119
5-4-3 ロボットとの接続を通信ケーブルのみにする方法 120
5-4-4 第6回優勝ロボット 120

6章 色々な姿勢センサ 123

6-1 姿勢センサについて 124
6-2 LSM9DS1　9軸慣性計測ユニット 125
6-3 MPU-6050搭載6軸センサモジュール 129
6-4 MPU-9250搭載9軸センサモジュール 132
6-5 BNO-055センサモジュール 133
6-6 CMPS11 136
6-7 姿勢センサのまとめ 139

7章 二足歩行ロボットを作ろう 141

7-1 ロボットの歩行を理解する 142
7-2 ロボットの歩行プログラム 148
7-3 歩行時の外乱補正制御 149
7-4 まとめ 151

8章 色々なハードウェアを作るコツ：クロムキッドの作り方 153

8-1 クロムキッド・ガルー 154
8-1-1 最初のロボット購入 154
8-1-2 最初のロボット大会参加 154

- 8-1-3 機体の改良を色々試行錯誤して大会に参加 156
- 8-1-4 小型の機体で大会に参加 157
- 8-1-5 クロムキッドとガルーの製作方法 157

8-2 それぞれの大会に応じたロボットの作り方 159
- 8-2-1 ROBO-ONE 159
- 8-2-2 ROBO-ONE Light 160
- 8-2-3 ROBO-ONE auto 161
- 8-2-4 ROBO-剣 162

8-3 機体の設計前に考えたこと 168
- 8-3-1 相手を知る 168
- 8-3-2 自分を知る 169
- 8-3-3 攻撃や防御で考えた機体構造 170

8-4 ロボットの設計 171

8-5 ロボットを構成する素材と部品 172
- 8-5-1 素材 172
- 8-5-2 部品 176

8-6 試作・製作・メンテナンス 180
- 8-6-1 製作で主に使用する工具 180
- 8-6-2 あると便利な工具 183

8-7 大会直前の注意点 186
- 8-7-1 大会前にいつも行っていること 186
- 8-7-2 試合前に必要なこと 187

8-8 最後に 188

9章 連覇するロボットの作り方（コンセプト作りを主に） 189

9-1 キング・プニの紹介 190

9-2 設計コンセプト 191
- 9-2-1 目的と目標 191
- 9-2-2 自己分析 191
- 9-2-3 大コンセプト 192
- 9-2-4 小コンセプト 192
- 9-2-5 設計コンセプトの考え方、まとめ 194

9-3 キング・プニのコンセプト 194
- 9-3-1 目標と自己分析 194
- 9-3-2 キング・プニの大コンセプト 195
- 9-3-3 小コンセプト 196

9-4 キング・プニのハードウェアの作り方 202
- 9-4-1 片軸の部分は軸受で保護する 202
- 9-4-2 脚のベアリング 203
- 9-4-3 可動部分にできるだけサーボを配置しない 204
- 9-4-4 フリー軸 204

9-5 キング・プニのソフトウェアの作り方 205
- 9-5-1 モーションの狙い 205

9-6 キング・プニ 勝つための小ネタ 208
- 9-6-1 ケーブルの配線とテープ 208
- 9-6-2 ZH コネクタのホットボンドで接着 210
- 9-6-3 スポンジで衝撃吸収 210
- 9-6-4 ホーンを六角ねじで固定してガタを消す 211
- 9-6-5 ねじロックは絶対に使うこと 211

9-7 あとがき 212

10章 ロボットに多彩な動きをさせる： ─メタリックファイターでのモーション作り─ 213

10-1 モーションの考え方 214
- 10-1-1 モーションとはロボットの動きのこと 214
- 10-1-2 ロボットを構成する基本部品はサーボモータとサーボアーム 215
- 10-1-3 基本部品を組み合わせて直線運動を作る 216
- 10-1-4 サーボモータを組み合わせて様々な姿勢を生み出す 217
- 10-1-5 姿勢を連続的に変化させることでモーションが生まれる 218

10-2 モーションの作成方法 220
- 10-2-1 姿勢を作る 220
- 10-2-2 モーションを作る 222
- 10-2-3 モーション作成時のルール 222

10-3 効果のある攻撃モーションとは 224
- 10-3-1 パンチモーション 224
- 10-3-2 腰の回転軸を組み合わせたパンチモーション 225
- 10-3-3 足の重心移動と組み合わせたパンチモーション 226
- 10-3-4 足裏をフルグリップ化 227
- 10-3-5 移動と組み合わせたパンチモーション 227

10-4 モーションのシーケンス 228
- 10-4-1 前進移動モーション 229
- 10-4-2 起き上がりモーション 230

10-5 コントローラへの割り当て 231
- 10-5-1 どこにどのモーションを入れるかが重要 231

  10-5-2 メタリックファイターのコントローラへの割り当て 232
  10-5-3 標準化の推進 234

11章 ロボットの高速化について：Frosty 237

11-1 Frosty の高速走行性能の紹介 238
11-2 高速走行実現の課題 242
  11-2-1 サーボは指令通りには動かない 242
  11-2-2 通常の軸配置だと膝サーボの速度が足りなくなる 242
  11-2-3 定常走行時は遊脚を前に出す動作はイナーシャが大きい 243
  11-2-4 速度を上げると接地衝撃が大きくなり反力で姿勢が乱れる ... 244
11-3 二関節筋の働きからヒントを得た脚機構 245
  11-3-1 二関節筋とは 245
  11-3-2 二関節筋の働きからヒントを得た脚機構 246
  11-3-3 疑似直線リンク機構 247
  11-3-4 バックドライブ性の重要性 250
  11-3-5 バネについて 251
  11-3-6 股関節ロール軸のリンク機構 251
11-4 FPGA の特性を活かした制御アーキテクチャ 252
11-5 Frosty に使われている部品や実装上の工夫、ノウハウについて 256
  11-5-1 電圧について 257
  11-5-2 サーボの改造 257
  11-5-3 ねじりバネの作り方 264
  11-5-4 ナイロン（ポリアミド）の SLS による 3D プリント部品について ... 265
  11-5-5 イリサートの使用 266
  11-5-6 カーボンへのフランジ付きベアリングの埋め込み 267
  11-5-7 足裏材の選定と接着方法 267
  11-5-8 配線ケーブルについて 268
  11-5-9 IMU について 269
  11-5-10 I/F 基板用部品 269
11-6 あとがき 270

付録 失敗しないための注意点 271

索引 279

1章

これからはじめる二足歩行ロボット

本章では二足歩行ロボットを製作する上で、知っておくべき基本技術と開発環境の概要について解説する。その上で、本書で目指す二足歩行ロボットのつくり方を紹介する。

1-1　二足歩行ロボットの3つの技術

　二足歩行ロボットを構成している3つの重要な技術について解説する。これらについては、あらゆるロボット作りの基本として押さえておいたほうがよい内容である。

1-1-1　サーボモータを知る

　ロボットの関節はサーボモータ（以下サーボ）で構成されており、この特性がロボットの性能を決める。近年、ロボット用サーボは進化し続けている。これはROBO-ONE発の技術であり、ROBO-ONEに参加する二足歩行ロボットのためのサーボとして進化し続けている。これをうまく活用することこそが今からロボット作りを始める方々のメリットである。最新の技術を有効に活用しよう。

　第3章においてロボット用サーボ各社の最新のサーボについて述べる。サーボについては、『RoboBooks ROBO-ONEのための二足歩行ロボット製作ガイド』[1]や、『ROBO-ONEで進化する 二足歩行ロボットの造り方』[2]でも紹介しているが、本書ではさらに進化した部分に多くのページを割いている。

1-1-2　運動学を理解する

　二足歩行ロボットは2本の足で歩く。その足は関節（サーボ）の組み合わせで構成される。1本の足に着目すると、それはロボットアームとほぼ同じ構造でできているのがわかる。そのため、ロボットアームについて理解を深めることが二足歩行ロボットの運動を知ることに繋がる。

　その基本となるのが、順運動学、逆運動学であり、シンプルな3自由度のロボットアームで考えることにより、理解が深まる。

順運動学

　図1-1のような3自由度のロボットアームを考えた場合、各関節の角度を決めると、先端のX、Y、Z座標はリスト1-1のように求められる。これを順運動学と言い、簡単な三角関数4行で順運動学の計算プログラムが完成する。

---

[1] ROBO-ONE委員会（編）：RoboBooks ROBO-ONEのための二足歩行ロボット製作ガイド、オーム社（2004年）
[2] ROBO-ONE委員会（編）：ROBO-ONEで進化する 二足歩行ロボットの造り方、オーム社（2010年）

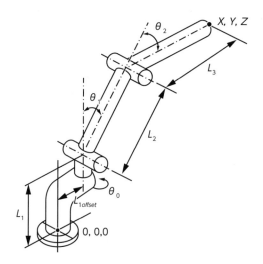

図 1-1　ロボットアームの構成

リスト 1-1　順運動学（θ_0 = th0、θ_1 = th1、θ_2 = th2）

```
l = L1offset + L2*sin(th1) + L3*sin(th1+th2);
X = l*cos(th0);
Y = l*sin(th0);
Z = L1 + L2*cos(th1) + L3*cos(th1+th2);
```

　ROBO-ONE がスタートしたころは、サーボの角度 θ を 1 つひとつ決めながらモーションを作成していた。すなわちリスト 1-1 の角度 th0、th1、th2 を決めていることになる。二足歩行ロボットのモーションを作る作業は一般にこの順運動学に基づいていたといえる。

逆運動学

　関節が増えると、順運動学方式でモーションを作成するのは面倒である。逆運動学は X、Y、Z を決めれば、関節角度が決まる手法で、リスト 1-2 のようなプログラムで求められる。逆運動学の計算プログラムは 6 行で完成する。

リスト 1-2　逆運動学

```
th0 = atan2(Y,X);
l = sqrt(X*X + Y*Y);
ld = sqrt((l-L1OFF)*(l-L1OFF) + (Z-L1)*(Z-L1));
phi = atan2((Z-L1),l0-L1OFF);
th1 = -M_PI/2 + phi + acos((ld*ld+L2*L2-L3*L3)/(2*ld*L2));
```

```
th2 = -M_PI + acos((L2*L2+L3*L3-ld*ld)/(2*L2*L3));
```

これで歩行ロボットのプログラムの第一歩が完成だ。

最近のサーボではティーチング機能を持っているものもあり、サーボのポジション（角度）を読み込むことができる。例えば足の位置を決めてから、各関節のサーボポジションを読み込み、それを繋いでいくことでモーションが完成する。まさに逆運動学をそうとは知らずにやっていることになる。

1-1-3　ロボットの脚構造

図1-2の3自由度ロボットアームをベースにロボットの脚構造を考えてみよう。

図1-3のように2本のロボットアームを組み合わせれば、二足歩行ロボットになる。ただし、実際に歩行する場合には足首の部分も必要となる。詳細は7章で解説する。

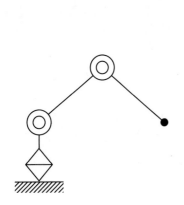
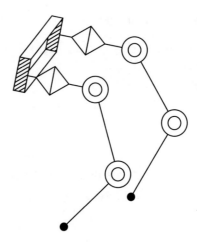

図1-2　3自由度ロボットアーム　　**図1-3**　二足歩行ロボット

図1-4のように4本のアームを組み合わせれば、四足歩行ロボットが完成する。犬型ロボットなどは、この関節の組み合わせで十分な動作、歩行ができる。

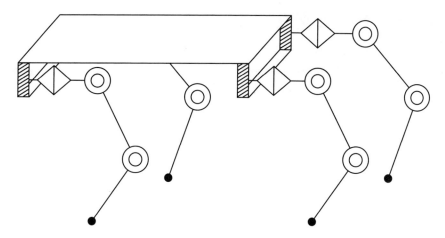

図 1-4　四足歩行ロボット

　四足歩行ロボットを立ち上がらせれば、図 1-5 の人型ロボットになる。まるで人間の進化を見ているようだ。

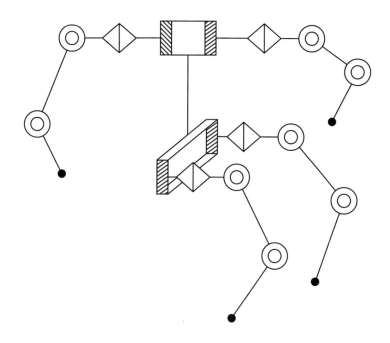

図 1-5　人型ロボット

　このように、ロボットアームは二足歩行ロボットの基本となる。本書では 4 章においてロボットアームについて解説する。ROBO- 剣用のロボットアームを作ることで、二足歩行ロボットの基本をマスターできる。

1-1-4　ロボットの姿勢を知る

　ロボットがどういう姿勢でいるかを知り、正しい姿勢を保つことはとても重要だ。ROBO-ONE の試合では、ものが倒れるようにロボットが倒れる光景をよく目にする。これはきちんと制御が行われていない場合が多い。

　ジャンプやバク宙を披露している Boston Dynamics の Atlas[3] のような動きができるロボットを、ROBO-ONE でも目指していきたいが、そのためには姿勢センサを的確に使うことが重要だ。

　今では、ジャイロセンサと加速度センサ、地磁気センサを組み合わせた姿勢センサが多数発売されており、その精度や安定性も増してきた。これらの技術を活用し、安定したロボットを製作することが、趣味の世界でもできる時代になってきた。そこで、6 章ではみなさんが即、活用できる姿勢センサについて解説する。

1-2　二足歩行ロボットの開発環境の概要

　ロボット製作の初心者は、市販のロボットキットから始めるのもよい。サーボやフレームから、コントロールボードや開発環境も付属しているため、それらを使用すれば簡単に開発が可能だ。

　ただ新しいセンサや、オリジナルの機能を組み込んだロボットを製作する場合には、開発効率を考慮し、コントロールボードやそれに適した開発環境を選ぶ必要とよい。

1-2-1　コントロールボード　Arduino

　上述したように、ロボットを安定して動かすためには、センサからデータを取得し、演算してサーボを制御するためのプログラムが必要になる。そのプログラムを作成するには理解しやすいコントロールボードが必要になる。初心者が、趣味の範囲内でのロボット開発を行うならば、価格が安く開発に必要な情報が多く揃う Arduino が最適である。

　Arduino は安価で開発環境や様々なセンサに対応しており、解説書もたくさん発行されている。これらを使えば比較的低価格でロボット開発ができる。本書では詳細を 4 章で解説する。

---

[3] https://youtube.com/rVlhMGQgDkY
　　https://www.youtube.com/watch?v=rVlhMGQgDkY

1-2 二足歩行ロボットの開発環境の概要

図1-6　Arduinoボード

図1-7　色々なセンサ

参考図書は、入門用として以下のものを紹介する。
- 平原真：実践Arduino！電子工作でアイデアを形にしよう、オーム社（2017年）
- 福田和宏：これ1冊でできる！Arduinoではじめる電子工作超入門 改訂第2版、ソーテック社（2016年）

1-2-2　パソコン

Arduinoは統合開発環境が無料で提供されており、USBポート付きのパソコンであればほぼ使える。Arduinoボードとパソコンを USBケーブルで接続すれば、開発が進められる。このソフトウェアは Windows、Mac、Linuxにも対応しているが、本書ではWindowsをベースに解説する。

図1-8　統合開発環境の写真

7

図 1-9　PC とボードの接続の写真

1-3　本書で目指す二足歩行ロボット

　本書では、これから二足歩行ロボット製作を始める方のために、必要な技術に絞って解説する。すでに市販のロボットキットの製作経験があり、これからオリジナルのロボットに改造したいと考えている方にも、参考になる内容となっている。

　2 章では ROBO- 剣や ROBO-ONE に参加するために、その概要と今後について解説する

　ロボット製作の基礎となるサーボと制御コントロールボード（本書では Arduino を使用）については 3 章、4 章で解説する。ROBO- 剣に参加したい方は 5 章へ、ロボットを制御するための姿勢センサについて知りたい方は 6 章を、ロボットアームは理解しているので、いきなり二足歩行ロボットを作りたい方は 7 章以降を参考にしていただきたい。

　8 章以降は、ROBO-ONE で常に優秀な成績を収めている参加者の方々に執筆いただいた。それぞれのノウハウが詰まっているので、ROBO-ONE には何度も参加しているが勝てないという方は、8 章以降を参考にしていただきたい。みなさんのロボットの進化に繋がる新しい発見があれば幸いである。

　なお、本書で解説した Arduino のスケッチの一部はオーム社のホームページよりダウンロードができるようになっている。

https://www.ohmsha.co.jp/

ROBO-ONE について

2章

本章では ROBO-ONE について紹介する。2002 年、二足歩行ロボットの格闘技大会として始まったが、様々な変遷を経て、現在では 3kg 以下のロボットが参加する ROBO-ONE、初心者向けの ROBO-ONE Light、自律ロボットによる ROBO-ONE auto、アームロボットによる剣道大会である ROBO-剣が行われている。

2-1　ROBO-ONE とは

　ROBO-ONE は二足歩行ロボットによる格闘技大会である。ロボット同士がリングの上で技を出し合い、攻撃がしっかりヒットして、相手が倒れるなど足裏以外の部分がリングに接触したらノックダウンとなる。相手を 3 回ノックダウンさせれば勝利となる。
　予選は一定距離をロボットが走行する徒競走で、予選を通過したロボットたちによるリング上での格闘競技が決勝トーナメントとなる。
　ROBO-ONE の公式サイト[1]では、過去の大会の動画を公開しているので、読者の皆さんにもぜひ、世界から集まった二足歩行ロボットの戦いをご覧いただきたい。

図 2-1　ROBO-ONE 公式サイト

2-2　ROBO-ONE の進化の歴史

　ROBO-ONE は 2002 年に誕生し、毎回新しいことに挑戦するロボットが現れてきたことによって進化してきた。今までだと、走る、ジャンプする、さらに飛行するロボットも登場した。飛行するロボットはさすがに危険と判断し、以降は禁止することになった。
　近年自律部門である ROBO-ONE auto を始めたことで、画像処理により相手を認識する技術も使われるようになりつつあり、これからのさらなる進化が期待される。
　また始まった当初は技術系エンジニアの参加が主流であったのに対し、近年では大学生や高校生の増加とともに海外からの参加選手も多くなっている。
　ますます面白くなる ROBO-ONE、今からでも遅くない。始めるのは今だ。

---

1) http://www.robo-one.com

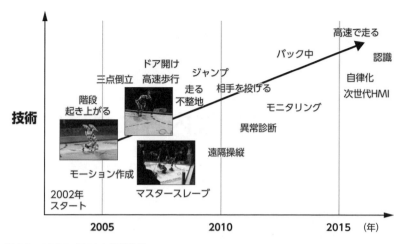

図 2-2 ROBO-ONE の技術進化

2-3　ROBO-ONE の見どころ

本書で ROBO-ONE を初めて知った、という方に ROBO-ONE の見どころを紹介したい。

2-3-1　大技の瞬間を見逃すな！

　試合は真剣勝負。互いの間合いと技を出すタイミングが重要だ。年々技術が向上し、今では歩いたり、倒れても起き上がることは当たり前となった。技についても、パンチやキック、投げ技など、ロボットならではの多彩な動きが楽しめる。相手が宙に舞うような投げ技や、足を高く上げたハイキックなど、華麗な「大技」が決まれば 2 ダウン奪取でき、一発逆転もありえる。

　試合が終わるまで何が起きるかわからないので、リングから目が離せない。

2-3-2　出場できるロボットは？

　ロボットにはフェアな戦いができるよう、体重や重心位置、腕や脚の長さなどについての厳しい条件が定められている。そのため、足裏を大きくして倒れにくくしたり、パンチが相手に届きやすいように、腕を長くするといったことはできないようになっている。

　競技に参加するロボットのほとんどが、設計からハードウェアの製作、制御プログラムまでを選手自らが製作した自作の機体である。

　大会はあくまでフェアに行うが、創意工夫があると観客は歓声をあげる。外見のデザインや、様々

な技など、アイデアがあふれる個性的なロボットは観客にも人気があり、声援を送られることもある。それが製作者としてのモチベーションとなる。もっと良いロボットを作ろう、となるのだ。

2-4　ROBO-ONEの競技内容について

ここでは、ROBO-ONEで現在行われている3つの競技について、もう少し詳しく紹介したい。

2-4-1　3つの競技カテゴリー

競技はロボットの重量や試合形式により、3つのカテゴリーに分かれて行われる。

ROBO-ONE

ROBO-ONEは、重量級（3kg以下）のロボットが参加する、最もメジャーなカテゴリーである。第1回から行われており、学生、社会人、さらに海外からの参加者も多く、15年以上の歴史がある。ロボット同士がぶつかり合う、スピードと重量感あふれる迫力のバトルが見られる。

図 2-3　ROBO-ONE

ROBO-ONE Light

初心者でも参加しやすい軽量級のカテゴリーだ。市販されている公認ロボット（コラム参照）での参加が可能で、重量1kg以下であれば自作のロボットも参加できる。

図 2-4 ROBO-ONE Light

> Column

公認ロボットの規格

ROBO-ONE Light に参加ができる公認ロボットの規格は、次のようになっている。公認ロボットであれば 1kg 以上でも参加できる。

1. 二足歩行ロボット協会が公認した市販ロボットであること
2. ROBO-ONE 公式サイトに掲載された各公認ロボットに規定されたルールに従うこと
3. ROBO-ONE 公式サイトに掲載された公認オプションパーツ以外のオプションパーツを使用してはならない
4. メーカーが提供する市販ロボットの取り扱い説明書等に記載されている以上の改造を行う場合、重量増を 20% まで、腕の長さは左右それぞれ 10mm 増までで収めること。ただし重量は 2kg を超えてはならない
5. 改造は、着色、シール貼付け、性能の向上が発生しない頭パーツの取付けおよび紙・布・プラスチック・スポンジの外装、およびソフトウェア的変更は可とする。電飾、センサなどの搭載や制御用マイコンの載せ替えについても可とする

図 2-5 公認ロボット KHR-3HV（近藤科学）

ROBO-ONE auto

　完全自律機体による格闘競技である。そのため、選手は試合中コントローラに触れることはできない。ロボットは搭載されているセンサによって周囲の状況を検知し、行動を自ら判断する。どんなプログラムで挑むかの頭脳戦だ。人間による操縦とは違う、予想外の動きも見どころの1つである。

図 2-6 ROBO-ONE auto

2-4-2　大会を生で見たい！

　ROBO-ONEを生で見たい場合、本大会は年2回（2月頃、9月頃）行われており、認定大会も各地で行われている。会場はその都度異なる場合が多いため、ROBO-ONE公式サイトで情報を確認していただきたい。なお、ROBO-ONEの本大会の情報は、開催3ヵ月前には公式サイトで公開される。

　また、主催者である二足歩行ロボット協会のサイトからメールマガジン[2]を登録しておくと、メールで案内が来るのでこちらもチェックしておくとよいだろう。

2-5　ROBO-ONE 競技規則

　ROBO-ONEの発足当時、目指していたのは人の役に立つロボットだった。ロボットがROBO-ONEのためだけであってはならないとの思いで主催者側で検討し、正しいであろう方向に導いているのが競技規則である。競技規則を検討する際には、以下の3点を基本として、どうすればよいか議論を進めている。

　1　ちゃんと歩こう

---

[2] http://biped-robot.or.jp/mailfans/

2 フェアに戦おう
3 人の役に立つロボットを目指そう

毎回競技規則を変更しているが、決して意地悪で行っているのではない。まだ ROBO-ONE のロボットは進化の途中ではあるが、健全な進化を遂げていると考えている。今後は自律型へと大きく進化すると予想している。

2-5-1 試合形式

試合は 3 分 1 ラウンド制であり、ダウン数やノックアウトによって勝敗を争う。延長戦は 2 分である。リングは 360×360cm の角を落とした八角形のリングを使用している。

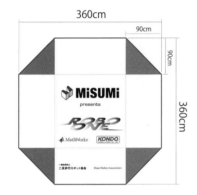

図 2-7 リング

2-5-2 ダウンの規定

有効な攻撃によって相手が倒れたりするなど、足裏以外の本体の一部がリング接触した場合のみダウンとみなされる。有効な攻撃とは、効果的なパンチや相手を掴んで投げる技などが主流である。

ダウン後、レフリーが行う 10 カウント以内でダウン状態から復帰できない場合をノックアウト (K.O.) とし、その試合は相手の勝利となる。

移動によりリング外に転落した場合も 1 ダウンとなる。

スリップ

相手からの攻撃に関係なく、自ら転んだ場合をスリップとし、ダウンとはならない。

ただし、スリップが多い場合には、レフリーにより 3 歩以上の歩行チェックを課せられ、歩けない場合はダウン扱いとなる。二足歩行ロボットの格闘技であるから、歩けないロボットには厳しいルールとなっている。

捨て身技

相手を攻撃する前後に、足裏以外がリングに着く攻撃技を"捨て身技"という。この捨て身技は大技以外では有効とならない。

大技

大技の定義は以下のとおりであり、有効であれば、2ダウンを奪うことができる。
- 相手が概ね自機の腰位置より高く舞う技を大技とする
- 概ね自機の腰位置より高く脚を上げたキックで、相手を倒した場合は大技とする
- 自機が180度以上回転し、相手を倒す技を大技とする

大技については、通常ならば有効な攻撃とみなされない横攻撃(後述)および捨て身技の対象外となるが、延長戦を含み1試合中に1度だけしか使用できない。これまでの試合では、バックドロップ、背負い投げ、足払い、巴投げ、ハイキック、前転キックなどが大技と認められている。

2-5-3 タイムの取得

試合中に1度だけ「タイム(試合の中断)」をレフリーに対して申告することができる。タイムの時間は2分だが、1ダウンの扱いとなる。また自分のロボットが有効な攻撃を受けてダウンしているときはタイムが取れない。

2-5-4 ロボットの操縦方法

ROBO-ONEおよびROBO-ONE Lightでは、操縦は選手による無線操縦、コンピュータによる自律動作のいずれも認められている。

ROBO-ONE autoの場合は、ロボットに搭載されたセンサやコンピュータによる自律動作のみが認められている。

2-5-5 禁止事項

しゃがみ歩行、しゃがみ攻撃の禁止

膝に該当する関節を90度以下、または股に該当する関節を左右合わせて90度以上開いた状態をしゃがみとし、その状態での歩行や攻撃が禁止されている。

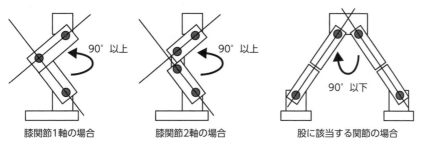

図 2-8　しゃがみ歩行の定義

現在は制御による動作の安定化を行っているロボットは少なく、重心を下げることによって安定させているロボットが多い。これを防止するために規定されている。将来、人と同じ動きができるようになれば廃止される規則である。

横攻撃の禁止

図 2-9 のように自機の進行方向に対して、横方向プラスマイナス 45 度の範囲への攻撃を禁止している。これもしゃがみ歩行、しゃがみ攻撃と同様、現状の競技規則では横方向の安定性が高いために設けられたものである。これも将来、人と同じ動きができるようになれば廃止される規則である。

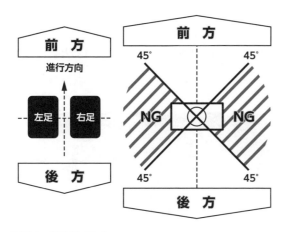

図 2-9　横攻撃の定義

2-5-6　予選

予選は 4.5m 走を行う。ゴールまでのタイムまたは到達距離で順位を決定し、上位最大 48 台が決勝トーナメントに出場できる。上位 48 台には、公式ランキング上位 3 台および認定大会で決勝出場

権を獲得した選手を含む。

　予選の持ち時間は1分。1分が経過した時点でゴールしていない場合は、その時点まで移動した距離を記録とする。

　歩行安定性のより高いロボットが決勝トーナメントに出場できる。

2-5-7　認定大会

　二足歩行ロボット協会が認定する競技大会で、全国各地で行われており、優秀な成績を収めると決勝出場権が獲得できる。

2-6　ROBO-ONEの技

　第31回ROBO-ONEで、上位に入賞したロボットによる試合から、どのような技があるのかを見てみよう。

2-6-1　すくい上げ

　ROBO-ONEの技で最もよく使われているのはすくい上げである。相手の構造上の弱点に手を入れ、機体を持ち上げる技である。最近は相手の出した腕の下に、自分の腕を入れて持ち上げるという返し技が功を奏している。

図2-10　すくい上げ

2-6-2 ひねりたおし

左右の手で相手の胴体を抱えるように挟み、腕をひねるようにして相手を倒す技である。

図 2-11 ひねりたおし

2-6-3 すくい投げ（大技）

すくい投げは、すくい上げがうまく決まり大技となったものである。相手がロボット自身の腰位置より高く舞うところは見応えがある。これは大技に認定される。

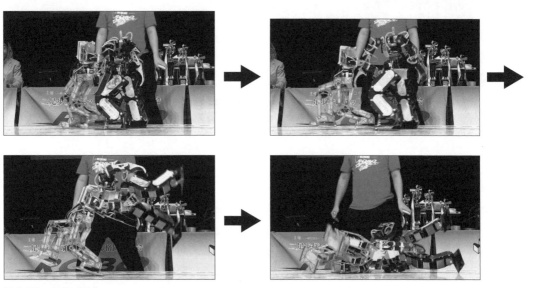

図 2-12 すくい投げ

2-6-4　前転キック（大技）

前転しながらキックする技である。ロボット自身が180度以上回転し、相手を倒す。この技は大技と認定されている。

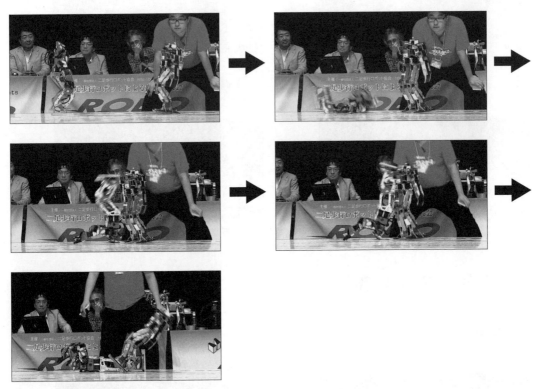

図 2-13　前転キック

2-7　ROBO-剣と競技規則

2-7-1　ROBO-剣とは

ROBO-剣とはアーム型ロボットによる剣道大会である。将来、二足歩行ロボットによる剣道大会とし、人に勝つロボットを目指している。当面は、初心者が関節型ロボットの基本を学ぶとともに、上級者は画像処理や人工知能の技術育成を目指す、というのが開催の目的となっている。

最近は、CPUの能力向上と画像処理技術の進化により、剣道大会らしいものになってきている。ま

た人工知能搭載の完全自律型が上位に進出しつつあり、ロボットが人に勝つのはそれほど遠い話ではない。ROBO-ONE公式サイト[3]で、試合の映像を公開しているので、ぜひ見てほしい。

図 2-14 ROBO-剣

2-7-2 競技規則

ROBO-剣の競技規則は簡単である。小手、胴、面、突きの4つの技で判定される。3本勝負で2本を先に取ったほうが勝ちとなる。小手、胴、面は色分けされているので、画像処理により場所を判断して技を繰り出すことも可能だ。自律部門と遠隔操縦部門がある。

- 自律部門

  センサやカメラなどの情報をもとに、自律的に攻撃をするロボットアームによる部門。ロボットアームの頭脳となるのはPC上のプログラムで、試合中はPCとロボットが接続された状態で行う。現在は有線による接続も許可されている。

- 遠隔操縦部門

  カメラ映像のみを見ながら、人による操縦または半自律によりコントロールされるロボットアームによる部門。操縦者はロボットを直接目視することはできない。

  ただし、参加は2回までに限られており、それまでの結果がどうであれ、3回目以降は自律部門に参加することになる。

ロボットの仕様は図2-15のように詳細に規定されている。面、胴、小手は、画像処理がしやすい色に設定されており、ロボットがお互いフェアに戦えるように各部分のサイズや設置位置などは規定されている。

---

3) http://www.robo-one.com/kens/index/27

2章 ROBO-ONE について

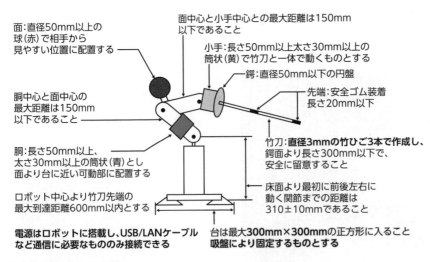

図 2-15 ロボットの仕様

試合場は図 2-17 のようになっており、操縦者はロボットを直接見ることはできない。

審判は剣道有段者により行われる。ロボットのスピードが速く、技を繰り出す回数も多くなり、本当の剣道の有段者である審判も判断に苦しむ場合もある。

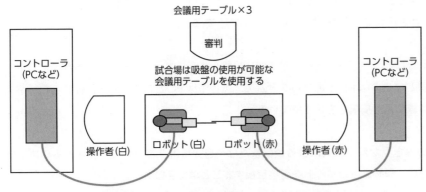

図 2-16 ROBO-剣の試合場

2-8　ROBO-ONE／ROBO-剣の今後

　今までのROBO-ONEは、機体の製作を主体としており、知能の部分は人間の操縦によりコントロールしてきた。これからは人に代わる、あるいは人の負担を大幅に軽減するシステムにより、戦うことになるであろう。

　二足歩行ロボット協会は、技術の進化（姿勢センサによるロボットの安定化や人工知能の活用）に応じた競技規則を作っていくことによって、ROBO-ONE、ROBO-剣をより面白くし、ロボットのさらなる進化に貢献したいと考えている。

　人工知能により進化するロボットを、人の審判で勝敗を判断することがいつまでできるのであろうか？　画像処理による審判ロボットが出てくるのも遠い先の話ではなかろう。

3章

ロボットの駆動部分：サーボについて

本章では市販されるロボット用サーボモータについて解説するとともにその使用方法について、サーボモータの調整ツールやサンプルプログラムを使って説明する。

3-1　サーボとその変遷

モータをコントロールし位置を決める、あるいは速度をコントロールできるモータをサーボモータ（以下サーボ）という。ROBO-ONE がスタートした頃に参加したロボットたちに使われていたのはラジコン用のサーボであった。パワーのある近藤科学の KO-PROPO PDS-2144 などが多く使われていた。図 3-1 は分解された KO-PROPO PDS-2144 がジャンク箱から出てきたものである。

図 3-1　KO-PROPO PDS-2144

図 3-2 は筆者が作った 2 作目のロボットである。実はこれはフリーダム（日本で初めて販売された ROBO-ONE 用二足歩行ロボット）の試作機で、板金は後に R-Blue シリーズを製作する吉村氏によるものである。それを改造し、ロケットエンジンを搭載したものが NR2 である。

この時代は、マイコンボードから直接各サーボにケーブルを引き回していた。24 軸もあるロボットでは、ケーブルだらけになってしまう。またポジションデータが取れないので、モーションの作成は時間がかかる作業で試行錯誤の連続だった。当時のサーボはラジコンカーなどで使われている、一方通行の PWM 方式による制御方式であった。

これに対応すべく、半二重シリアル通信のサーボを ROBOTIS が開発した。筆者もこの開発にあたっては相談を受け、色々と要望を出した。

このとき ROBOTIS が販売したロボットをベースに足の強化などの改造を行ったのが、図 3-3 である。当時のロボットの頭部に Arduino Mega を搭載し、ソフトウェアを移植して動作させてみたものである。

図3-2 NR2

図3-3 シリアルサーボロボット

　その後、双葉電子工業、近藤科学もシリアルサーボを開発、発売し、その活用も進んできた。しかし、メーカーごとにシリアルサーボのコマンドがバラバラということもあり、二足歩行ロボット協会では規格を統一すべく活動を推進し、一定の方向性は明確にした。少しずつこの方向に向かって進んでくれることを期待したい。

　ただし商品化の最終判断はメーカーが行う。はたしてサーボの混合使用ができる日は来るのだろうか？

　また、近年中国製の低価格のサーボも増えてきており、耐久信頼性も高まっている。また半二重通信のシリアルサーボも出現した。

　今後さらに低コスト化が進むであろうが、その一方では、さらに人間の手足に近い動作ができるロボット用サーボの開発が期待される。ロボットの進化に不可欠なサーボは、まだまだ進化する必要がある。日本のサーボメーカーには、将来のロボットがどうあるべきかを考えた商品展開を期待したい。それにはROBO-ONEユーザーの意見が大いに尊重されるべきだ。

3-2　サーボとは

　当初ROBO-ONEに出場していたロボットに多く使われていたラジコン用サーボは、PWM（パルス幅に変換された位置情報）の指令を外部より受け取り、自身のホーンの位置に反映させる以外の機能を持っていなかった。その後ルールの変更等でロボットに要求される機能が増えていくにつれラジコン用サーボの機能だけでは事足りなくなり、独自の改造を施している間に登場したのがロボット用

サーボである。ここでのロボット用サーボはあくまでROBO-ONE等で使用されるホビー由来の小型のサーボを指す。

ではよく使われる仕様上の語彙を少し掘り下げてみる。

3-2-1　サーボの概要

角度・速度・電流・電圧などを任意の目標値に追従させる装置を自動制御装置というが、サーボもその1つである。

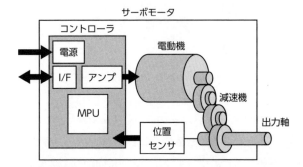

図 3-4　サーボの仕組み

サーボをロボットの関節に使用する場合はその角度を制御することになるが、その場合は現在の角度から目標の角度へどのような軌跡を辿って追従させるか、どの程度の速度まで出すか、どの程度の電流まで許容するかといったことが要求される。

3-2-2　ロボット用サーボが　　　サポートするインタフェース

ここでのインタフェースは、サーボへ命令を下すコントローラとサーボ間、もしくはサーボ同士を繋ぎ、相互に情報をやりとりするものを指す。インタフェースの種類はメーカやそのモデルによって異なり、異なるインタフェースを複数装備するサーボはまず存在しない。また、異なるインタフェースを持つメーカやモデル間では電気的な仕様等が異なるため、大抵の場合混在して使用することができない。そのため、すべて同一メーカーの同じインタフェースを搭載したサーボに統一するのが一般的である。

代表的な4種類のインタフェースに触れる。

PWM（Pulse Width Modulation）

俗にラジコンサーボと呼ばれるものに採用されている方式で、一定周期に繰り返されるパルス信号の ON 時間で位置を指令するものである。

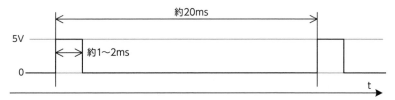

図 3-5　PWM

　これ以上説明の必要がないほどシンプルな仕様で、サーボの数だけ配線が必要である。しかし、シンプルであるがゆえにメーカーやモデルにおける細かい挙動の違いが明確でない点が多いのと、廉価なものになると同じ装置を揃えたとしても再現性に乏しいのが実状である。

　なお、一部のメーカーでは一方的なパルスによる指令を受けるだけではなく、サーボから今の位置をパルスに変換して出力させることでホストへフィードバックするものもある。

RS-232C（EIA-232-D）

　PC とモデムを接続する規格で、かつてデスクトップ PC に標準的に備わっていた I/F であったこともあり、モデム以外の機器でもよく使用されている。元来モデムと通信するための規格であるため信号線が非常に多いが、そのうちの送信用と受信用の信号線のみを用いて利用することが多い。

　現在一般的となっているロジック回路よりも高い電圧と負電圧が必要なことと、今となってはさほど高速ではない通信速度ということもあり、ロボット用サーボでの採用はあまり多くはない。また、PC に備わっていたレガシーインタフェースは USB に取って代わったため、新規で採用する理由はまずない。

EIA-485（RS-485）

　物理的に 2 本の電線を用いて 1 つの情報をやりとりする電気的な仕様で、各々の電線は平行に配置され、お互いに逆位相の信号を送ることにより高い通信速度と伝送距離や耐ノイズ性を向上させたものである。

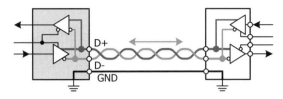

図 3-6 EIA-485（RS-485）

　産業用機器の通信機能にも多く採用されており、様々な半導体メーカーのラインナップにトランシーバ IC が用意されている。少し以前のトランシーバ IC は産業用とはいえないほど過電圧などで容易に壊れたが、近年の半導体の性能向上の恩恵により、ちょっとやそっとのことで壊れなくなりつつある。

　なお、実際にはこのインタフェースにプロトコルに従ったシリアル通信によるパルスデータが伝達される。

TTL

　回路の中でも低位に位置する論理回路の信号を、ほぼそのままの信号レベルのまま電線を用いて延長したもの。実際には TTL の回路ではなく CMOS によるバッファ回路で構成されているが、TTL という通称で呼ばれることが多い。

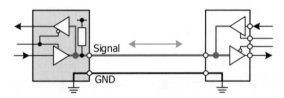

図 3-7 TTL

　ローコストにインタフェースを構成する目的で使用されるが、ノイズなどの影響を受けやすい。また、容量の大きいサーボに本インタフェースを装備したものも存在するが、後々の問題を避けるためにも RS-485 I/F を採用したモデルを選択するべきと考える。

　なお、このインタフェースにおいてもプロトコルに従ったシリアル通信によるパルスデータが伝達される。また、メーカーによってはバスの制御を一切行わずに、ロジックレベルの送受端子と送信端子を電流制限抵抗で短絡させただけの信号が外部端子に接続されている場合もある。

3-2-3　マルチドロップ接続

　複数の装置を渡り線によって数珠繋ぎのイメージで接続する形態をいい、RS-485 や TTL I/F にお

いても複数台との情報交換を行うネットワークが想定されているため、電気的にマルチドロップ接続ができる（図3-8）。RS-485 I/Fの場合は、必要に応じて差動信号の伝送路の終端処理を行う。

しかしながら、ロボットの形状や配線ルート・電流容量等を加味して配線しようとすると、どうしてもスター状の配線になりがちである（図3-9）。特にRS-485 I/Fによるスター結線は、電気的な理由により信号の品質が低下するため推奨されないが、ここでは接続の利便性やケーブル長がさほど長くないことを言い訳にして問題が発生しない程度に利用する。

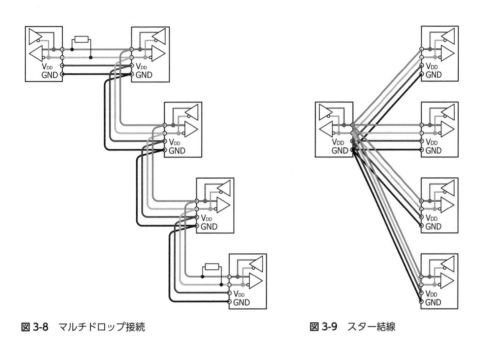

図3-8 マルチドロップ接続　　　　　　　　　**図3-9** スター結線

なお、図では配線を平行かつ直線で記述したが、実際には2本の電源ラインと2本の信号はツイストペアケーブルを使用すべきである。

3-2-4　シリアル通信

1ビット単位で情報を伝達する方式で、時間の経過を利用することで複数のビットを伝達する。ここでは大半のサーボが採用している一般的な設定（調歩同期・データ8ビット・ストップ1ビット・パリティ無し）に基づくシリアル通信を紹介する。図3-10では0と1の2値化された情報が、時間を追って変化していく様子を表している。

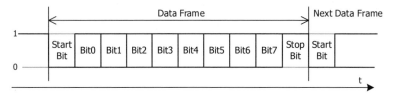

図 3-10 シリアル通信

　1 ビットのスタートビット（常時 0）、1 バイト（8 ビット）分のデータ、1 ビットのストップビット（常時 1）を合わせたものが Data Frame と呼ばれる。つまり 8 ビット分のデータを送るためには、その前後に 1 ビットずつの情報が付与された 10 ビットが要求される。

　1 ビットの論理が時間を追って変化するタイミングは常に一定であり、1 秒間に詰め込むことができるビットの数は bps（bit per second）と呼ばれ、通信速度の単位としてよく使用される。例えば 300bps の速度といった場合は、1 秒間に最大 30 バイトのデータが送信できる。また、この通信速度は送り手と受取り手であらかじめ示し合わせておくことが条件となる。さらに、同じデータサイズであれば通信速度が高ければ高いほど短時間のうちに情報が伝達されることを意味する。

　なお、これらの処理は装置に搭載された専用のコントローラが行い、ソフトウェアからはデータそのものを扱うだけで処理が完結するのが一般的である。また、このシリアル通信の条件を伝達する上での電気的な仕様が RS-232C や RS-485 といった規格であり、それらの規格により最大通信速度や伝達距離が決まる。

3-2-5　通信プロトコル

　装置間でデータの送受信を行うには、お互いにそのデータをどのように扱うかの取り決めがなされていなくてはならない。大抵のサーボは複数の情報を含んだ複数バイトのデータ列を用いて通信することとし、そのデータの並びを取り決めた通信プロトコルを採用している。これらの情報が含まれるデータ列の単位をパケットと称し、パケット単位で大半の処理が完結するようプロトコルが決められている。

　パケット中には概ね表 3-1 の情報が含まれる。

表 3-1 パケットに含まれる情報

情報の種類	情報の内容
個体認識番号	個々のサーボを識別する番号
処理方法	後に続くアドレスとデータをどのように扱うか
場所	データの場所
データ	データそのもの
大きさ	データの大きさなど

プロトコルの詳細は各社の製品ドキュメントを参照してもらうとし、実際にどのようにプロトコルが処理されるかを紹介する。まずサーボ自身が自ら勝手にパケットを送信することはない。別の装置から送信されてくるパケットをサーボが受信し、そのパケットが正しいバイト列であることを確認し、自身のIDを指定した何かしらの処理を求めているものであることを判断し、最終的に受領した旨をサーボが返信するといった具合である。ここでの別の装置をマスター、サーボをスレーブと称し、一般的にマスタースレーブ方式と呼ばれる。

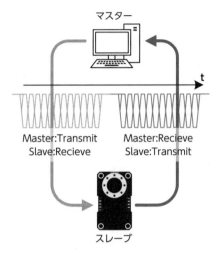

図 3-11 マスタースレーブ方式の仕組み

さらに、紹介したサーボのTTLやRS-485 I/Fでは複数の装置が勝手なタイミングでパケットを送信した場合には電気的な衝突が発生し、それを受信したとしても送信元のデータを復元することができない。衝突を回避するためには、いずれの装置もマスターの送信パケットを受信し終えるまで受信状態を維持し、そのパケットが要求する条件に一致する1台のスレーブだけが必要に応じて送信状態に遷移しパケットを送信する、といった半二重の通信方式が要求される。

3-2-6　コントロールテーブル

シリアル通信に対応したサーボには目的に応じた複数の機能が備わっており、一般的にそれらは内蔵されるマイコンの連続したメモリに割り当てられ、このメモリ全体をコントロールテーブルと称する。通信プロトコルに含まれるアドレス・データ・サイズはコントロールテーブルやメモリマップ上の特定の場所とそのデータを指し、処理方法はデータを読み込むのか書き込むのかを指定したものである。

なお、コントロールテーブルといった体裁を持っておらず、それに対する読み書きといった処理方法を提供していないサーボでも、概念的にはコントロールテーブルに対するアクセスであることとさ

ほど違いはない。

　双葉電子工業の RS405 を例にコントロールテーブルの一部を抜粋するが、項目によって占有するバイト数が異なるのが見て取れる。

表 3-2　RS405 のコントロールテーブル (一部抜粋)

アドレス	内容	R/W	Default Value
4	Servo ID	R/W	1
6	Baud Rate	R/W	7
7	Return Delay	R/W	0
30	Goal Position	R/W	0
31			
32	Goal Time	R/W	0
33			
36	Torque Enable	R/W	0
42	Present Position	R	0
43			

3-2-7　ホストコントローラ

　サーボへ専用のパケットを送信しつつ全体を統括する装置が必要だが、それをホストコントローラと称する。サーボのシリアル I/F と通信プロトコルさえサポートすれば、どのような装置もホストコントローラとなり得る。

　少なくとも Windows PC と USB 接続の専用 I/F ボードを用意すれば、メーカーから提供されているソフトウェアを用いることで PC をホストコントローラとして機能させることは可能だ。また、サーボの初期設定を行うにはメーカーから提供されている専用のソフトウェアを使用すると便利である。

　他にはマイコンを搭載した専用コントローラ・Arduino・Raspberry Pi といったものもホストコントローラとして位置付けることができるので、小型の装置に組み込む必要がある場合は選択肢となり得る。

3-3　近藤科学のサーボ

　近藤科学のサーボは、KRS シリーズと B3M シリーズがある。
　KRS シリーズは、ROBO-ONE をはじめとするロボット競技会や、学校関係、企業など幅広い分野で使用されている。

小型のケースに高出力なトルクを実現しているため、特に競技会での人気が高い。長年培われてきた技術を取り入れ、ギアやケースの精度、強度にこだわった作りとなっている。

3-3-1　KRS シリーズの種類

トルクの異なる複数の商品ラインナップを展開している。代表的なサーボを紹介する。

KRS-6003R2HV ICS

最もトルクの高いサーボは、KRS-6003R2HV ICS である。最大トルク 67.0kg・cm を出力し、二足歩行ロボットでは下半身や、肩に使用する。ギアは、特殊アルミギアを採用している。出力軸のファイナルギア手前のギアは外部からの衝撃を受けやすい箇所であるが、ここをステンレス製にすることでさらに強度が増している。

アッパーケースとミドルケースにアルミを採用したため、ギアの軸受け強度が強くなり高剛性、高精度な動作が可能である。また、ミドルケースにモータを固定しているため、ケースがヒートシンクになり放熱効果もある。固定方法の異なる 4 種類のボトムケースに交換ができる。ダブルサーボ用のボトムケースを使用すれば 2 つのサーボを背面同士で固定することができ、トルクを倍にすることができる。

図 3-12　KRS-6003R2HV ICS

KRS-4034HV ICS

KRS-4034HV ICS（トルク：41.7kg・cm）は、キューブ型の正方形に近い形をしているため、ロボットへ搭載したときの向きを気にすることなく、積み上げるように設計することができる。ギアは、KRS-6003R2 と同じく特殊アルミギアを採用し強度を確保している。二足歩行ロボットでは、KRS-6003R2 と組み合わせて搭載することが多い。

図 3-13 KRS-4034HV ICS

KRS-2552RHV ICS

　KRS-2552RHV（トルク：14.0kg・cm）は、二足歩行ロボットキット KHR-3HV Ver.2 の標準サーボである。コンパクトなケースサイズながら 14.0kg・cm のトルクを出力し、重量 1.5kg の KHR-3HV を余裕をもって歩行させることができる。逆立ちや片足屈伸、うさぎ跳びも可能だ。ギアは、真鍮の金属ギアを採用し強度があるため、転倒程度の衝撃で破損する確率が非常に低い。同サイズの KRS-2572HV ICS（トルク：25.0kg・cm）に無改造で交換することも可能である。

図 3-14 KRS-2552RHV ICS（左）と、このサーボを採用しているロボットキット「KHR-3HV Ver.2」（右）

KRS-3301 ICS

　KRS-3301（トルク：6.0kg・cm）は、ロボットキット KXR シリーズに採用されている。内部構造を工夫することにより低価格化を実現し、手軽にロボットを組み立てることができる。また、KXR シリーズの豊富なオプションフレームを使用すれば、アルミなど自作パーツを用意する手間なく、オリジナルロボットを作成できる。同サイズの KRS-3304 ICS（トルク：13.9kg・cm）と組み合わせて使用することも可能だ。

 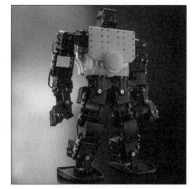

図 3-15 KRS-3301 ICS（左）と、このサーボを採用しているロボットキット「KXR」（右）

3-3-2　シリーズ構成

ケースによる分類

　近藤科学のサーボシリーズは、ケース寸法と電圧で分けられている。品名には4桁の数字が含まれているが、始めの2桁がケース番号である。6000、4000、2500、3300、3200と5種類が存在する。これらは、同じホーンやケーブル、ビス、フレームを使用することができるため、オプションの使用可否を見分ける際に便利である。また、同じシリーズ内であれば、異なるトルクのサーボにそのまま置き換えることができる。

電圧による分類

　電圧は、HV と LV の2種類ある。HV は 9～12V、LV は 6～7.4V の電源で駆動する。品名では、KRS-6003R2HV ICS の HV がこれに該当する。LV は、KRS-3301 ICS など該当箇所は無記名となっている。

2種類の接続端子

　KRS サーボは、KRS-3204 ICS を除きケーブルを脱着することができる。これにより搭載箇所に合わせたケーブルの長さを選択することができる。サーボに接続するコネクタは「サーボコネクタ」と「ZH コネクタ」の2種類ある。サーボコネクタは、RC 製品で使用している 2.54 ピッチのコネクタである。ZH コネクタは、日本圧着端子製造株式会社純正のコネクタだ。高出力な KRS-6000 シリーズ、4000 シリーズはサーボコネクタのケーブルで接続する。KRS-2500 シリーズ、3300 シリーズは、ZH コネクタの接続ケーブルを使用するが、コントロールボードの端子によっては、接続先がサーボコネクタの場合があるため、片側 ZH、反対側がサーボコネクタの接続ケーブルを使用する場合がある。

共通の通信規格

　KRS サーボは、すべて ICS と呼ばれる通信規格を採用している。ICS は、Interactive Communication System の略で、サーボなどモジュールとホスト間の双方向データ通信規格である。コントロールボードや PC、マイコンボードとの通信が可能である。

　ICS3.0/3.5/3.6 などバージョンの異なるサーボがあるが、基本的な角度の指定やスピードやストレッチなどのパラメータ設定変更のコマンドは共通であるため混在することができる。

　他にも、ICS3.5/3.6 は PWM モードに切り替えて市販の RC サーボと同じように PWM で制御することも可能だ。コマンドで制御する場合は、シリアルモードとしている。

　シリアルモードと PWM モードの切り替えは、電源投入時に信号線の High/Low によって決まる。電源投入後 500ms 間 High である場合はシリアルモード、Low である場合は PWM モードだ。

　ICS には、様々な機能が搭載されているので 3-3-4 項を参照していただきたい。

3-3-3　B3M の紹介

　ここで、簡単に B3M シリーズについても紹介する。B3M は、KRS シリーズのサーボをベースに制御基板を刷新し、角度センサを非接触磁気式エンコーダに変更したハイエンドモデルである。通信は RS-485 に準拠している。システムは ICS とは異なり、より細かな設定が可能であるが、6 種類のコマンドのみでサーボのすべての機能を使用することができるため簡単だ。ユーザーが PID ゲインを変更することも可能である。また、制御中のトラブルに備えたシステムエラー検知機能を搭載している。

3-3-4　パラメータ設定

　KRS サーボは、パラメータの設定を変えることで用途に合った特性に変更することができる。以下では、よく使用するパラメータについて解説する。

スピード

　スピードのパラメータを増減することで、サーボの動作速度を変更することができる。ただし、これは出力を変更しているためスピードが落ちるとトルクも減少する。基本的には、初期出荷状態で使用し、制御によって動作速度を変更することをお勧めする。

ストレッチ

　ストレッチは、軸の保持力を変更する機能だ。モーションにより任意で変更することによって、踏ん張りたい場合や柔らかくクッションのように使用したい場合を調整することができる。例えば、うさぎ跳びをする場合に、ジャンプの飛び出しはストレッチを最大にして強く回転し、着地のタイミン

グで柔らかくして衝撃を逃す、などの制御が可能である。

温度制限

　サーボ内の基板に実装している温度センサの値を検出し、閾値の温度を超えた場合は自動で脱力するように設定することができる。サーボは、連続して使用し続けるとモータの温度が上昇し破損する場合があるが、この温度制限により破損前に動作を停止し故障を避けることができる。ただし、KRS-3301 のみ温度センサは実装していない。

電流制限

　温度センサと同じように、サーボ内部の電流センサの値を検出し、関節がロックした状態など過度な負荷がかかっている場合に自動で脱力状態にすることができる。これも、KRS-3301 のみ未実装である。

オプション機能

　パラメータでは、主にサーボの動作に関わる機能を備えているが、他にも便利な機能があるのでここで紹介する。

- 回転モード：サーボを車輪で使用するような無限回転に切り替えることができる。
- リバース：サーボの動作方向を逆にすることができる。
- スレーブモード：通常はサーボにコマンドを送信したときに返事があるが、返事を禁止することができる。

　リバースとスレーブを組み合わせると、サーボを背面で組み合わせて固定したダブルサーボとして使用することができる。同じ ID に設定してポジションデータを送信し、片方をスレーブモード、リバースに設定することで 1 つのサーボとして制御が可能である。

図 3-16　ダブルサーボ

シリアルモードと PWM モードの違いは、電源投入時の信号線の HIGH/LOW で指定するが、急激な動作をしたときの電圧降下やリセットによりモードが書き換わらないように PWM を禁止することも可能だ。

これらの機能は、EEPROM をすべて読み出し、アドレスを参照して指定の数値を変更することで設定を書き換えることができる。

3-3-5　サーボマネージャ

サーボのパラメータや、各種オプション機能を変更する場合は、サーボマネージャを使用する。サーボマネージャは、KONDO ウェブサイト[1] の「サポート情報」メニューから「ICS・KRS サーボ開発資料」カテゴリーにアクセスすることでダウンロードできる。ソフト名は「ICS3.5 マネージャーソフトウェア」である。このマネージャソフトでは、ID や通信速度の設定も変更できる。このソフトは ICS3.6 にも対応しているが、ICS3.0 以前には対応していないので同じページにある対応したマネージャソフトをダウンロードして使用する。

「ICS・KRS サーボ開発資料」のページには、ICS 機能を詳しく紹介した『ICS3.5/3.6 ソフトウェアマニュアル』や、コマンドの作成方法、Arduino 向けライブラリも用意しているのでぜひ参考にしていただきたい。

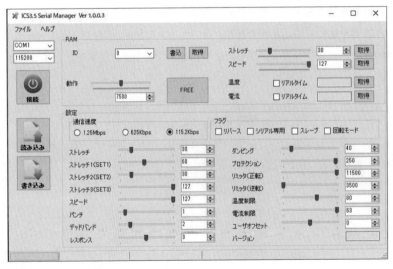

図 3-17　サーボマネージャ

---

1) http://kondo-robot.com/

3-3-6　PCとの接続

　PCから制御をしたり、マネージャを使用して設定変更する場合はDual USBアダプターHSを使用する。このUSBアダプターには、サーボと通信するための「ICSモード」とコントロールボードと通信するための「シリアルモード」が備わっている。USBアダプター本体の側面のスイッチで切り替えができるため、対象に合わせて忘れずに切り替える。

　Dual USBアダプターHSを使用するためにはKO Driverが必要だ。KONDOウェブサイトの「ダウンロード」メニューから、「ソフトウェア・サンプル」カテゴリーにアクセスするとダウンロードすることができる。インストールはOSによって違うため、付属のマニュアルを参照してほしい。

図 3-18　Dual USBアダプターHS

3-3-7　配線

　シリアルモードのサーボは、IDを指定してコマンドを送受信できるため、サーボ同士を接続したマルチドロップ接続が可能である。従来は、コントロールボードやマイコンボードなどホストに対して、サーボを1：1で接続していたが、サーボ同士を接続していくことで、ホストに1本のケーブルを接続するだけになり非常にすっきりとした配線にすることができる。ただし、サーボを経由していくことで信号が弱くなっていくため、KRSサーボでは1つのラインに最大8〜10個までを推奨している。数十個のサーボを使用する場合は、ハブなどを用意してマルチドロップ接続のラインを増やすことをお勧めする。また、末端のサーボからループ状にケーブルを戻すことで電源を安定させることもできる。

図 3-19 マルチドロップ接続

3-3-8　PWM 制御

KRS サーボは、これまで紹介したシリアルモードでの使用方法の他に PWM モードでも使用できる。PWM モードでは、パルス 700〜2300μs の間でサーボの動作角度 270°を指定する。また、幅が 50±5μs のパルスを入力すると脱力し現在の角度を取得することもできる（3-2-2 項参照）。

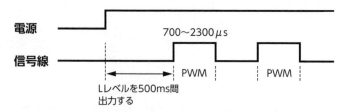

図 3-20　PWM 制御

3-3-9　使用方法：コントロールボード RCB-4

コントロールボード RCB-4HV を使用することでサーボをより手軽に使用することができる。サーボ用のポートとして 2 系統のシリアルを実装し、アナログセンサ用のポートやデジタル I/O のポートもある。基板サイズの違う RCB-4mini も存在するが、こちらはセンサポートが 5 本、デジタル I/O は実装していない。mini は小型ロボットに収まるように基板サイズを優先した設計になっている。

モーション作成ソフト HeartToHeart4

RCB-4HV（mini も同様）は、専用のモーション作成ソフト HeartToHeart4（HTH4）に対応している。HTH4 は、二足歩行に限らず様々な形のロボットに対してモーションを作成することができる。

● コントロール

モーション作成画面では、様々な機能を持ったコントロール（ブロック）を並べ、繋いでいくことでプログラミングを行う。ここでは、代表的なコントロールを紹介する。

・Pos

各サーボの角度にあたるポジションを指定するためのコントロール。展開するとHTH4のプロジェクトに登録したサーボの数だけスライドバーが用意されている。このスライドバーで数字を変えることでポジションを指定することができる。画面で設定した数値がそのままロボットに反映されるため、負荷のあるポーズなのか、アームやフレームがボディに干渉していないかなどをリニアに確認することができる。

各Posコントロールでポジションを指定しながらポーズを変えていき、それを繋ぎ合わせることで、二足歩行ロボットの歩行モーションや、パンチやキック、お辞儀、ロボットによっては、逆立ちや側転などのモーションを作成することができる。

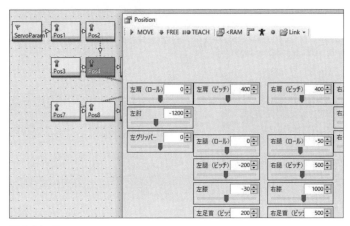

図 3-21　Pos

・CmpButton

これは、無線コントローラなどを使用してオペレータが指定したボタンを押しているかどうかによって、モーションを分岐する機能である。歩行モーションを作成したときに、単純にPosを並べただけでは、作成時に登録した回数しか歩行できないが、CmpButtonをモーション内に組み込むことによって、指定したボタンが押されている間は歩き続けることができる。ほかにも、押されている間は姿勢を変える、もう一度押されるまで全身を脱力したままでいる、などボタンの操作で繰り返したいときに便利だ。

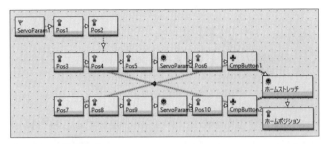

図 3-22 CmpButton

- CmpAD

CmpButton と似ているが、CmpAD はロボットに搭載したセンサの値によってモーションを分岐する機能である。ロボットが転倒したときに、加速度センサを搭載していれば自分が仰向けなのか、うつ伏せなのかを検知することができる。これを CmpAD で分岐し、どちらのモーションを再生するかを自分で判断させることができる。

また、測距センサなどをロボットに搭載し、測定した距離によって自動で攻撃モーションを再生することも可能だ。

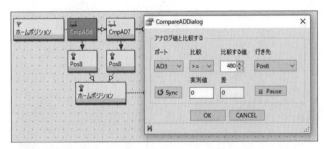

図 3-23 CmpAD

● プロジェクト

HTH4 は、モーションやロボットのサーボ搭載数、トリム、ボタン登録データなどをプロジェクト単位で管理している。バトルやサッカーなどロボットの動作内容をプロジェクトごとに作成しておけばイベントごとに書き換えるだけで動作を変更することができる。また、KHR-3HV などロボットキットは、複数のプロジェクトをウェブに公開している。これらをダウンロードしロボットに書き込むだけで、全く異なる動きを簡単に再生することができる。

● ミキシング

HTH4 では、二足歩行ロボットなどに対してジャイロセンサによる歩行補正を行うミキシング機能が備わっている。この機能は、モーション外に独立して存在し、常にセンサの値を検知し動作している。設定は、プロジェクト全体を管理している「プロジェクト設定」画面で行う。ま

ず直立した状態の値（基準値）を設定。ロボットが動作した場合は、センサの値が変わるため現在の値と基準値に差が出るが、この値をミキシングの数値として使用する。各サーボに対して設定する項目は、ミキシングの対象となるセンサの指定と倍率だ。センサは、搭載しているジャイロが接続されている端子を指定する。倍率は、前に設定した基準値と、動作したときの差に対して掛け算し、対象のサーボに値を加算するための設定値である。

　サーボ ID1 / 基準値：272 / ジャイロの値：270 / 倍率：×5 の場合（272-270）×5 = 10 であるため、ID1 のサーボに 10 が加算される。これが足首の場合は、前に少しずれたから角度を戻して踏ん張る、というような制御を行うことになる。

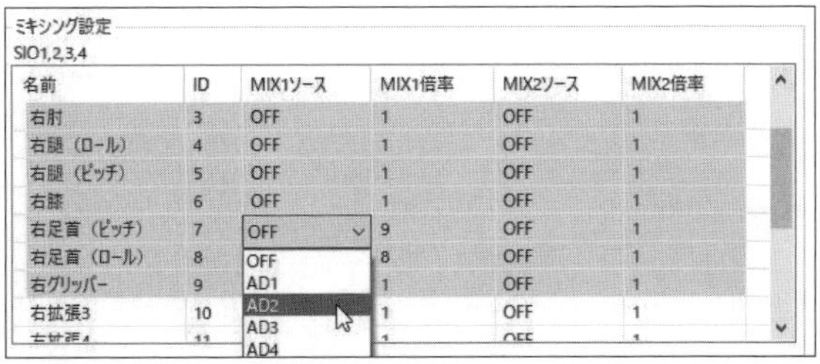

図 3-24　ミキシングの例

　ブロック型のパネルを並べるだけで簡単にプログラミングをすることが可能であるため、初めてロボットを制御する人でも導入しやすい作りになっている。また、豊富な機能を活用し、モーションを作り込むことでダンスのような複雑なモーションの作成や、より俊敏な移動、効果的な重心移動など独自の調整も可能だ。

3-3-10　使用方法：PC

　サーボを Dual USB アダプター HS 経由で PC に接続し、PC からコマンドを送信することで制御することができる。KONDO ウェブサイトでは、Visual Studio 向けのサンプルプログラムがダウンロード可能である。

3-3-11　使用方法：マイコンボード

　市販のマイコンボードの Serial 端子（UART）を使用してサーボと通信し、コマンドを送受信することで制御することができる。KRS サーボは、通信線の Tx/Rx が 1 本の線で統一されているため、接続には回路が必要である。『ICS3.5/3.6 ソフトウェアマニュアル』を参考に回路を設計することもできるが、オプションの「ICS 変換基板」を中継することで簡単に接続することができる。

図 3-25 ICS 変換基板

また、ICS 変換基板と組み合わせて使用する Arduino Uno 用のシールド基板を用意している。ライブラリもウェブサイトからダウンロード可能である。

3-3-12 まとめ

現状では、近藤科学の製品として KRS サーボと B3M の 2 ラインナップがある。KRS サーボは、Arduino 向けのライブラリを公開しているが、今後は Raspberry Pi 向けのライブラリを公開する予定である。B3M に関しては、小型サーボをラインナップに加えることにより、幅広い状況で組み込みやすく展開していく。ゆくゆくはプロトコルを共通化し、手軽さを増していきたい。

3-4　双葉電子工業のサーボ

3-4-1 サーボの概要

双葉電子工業のサーボは、ホビーロボット向けの RS シリーズ、無人機用の高トルクで防水仕様の AJ シリーズ、従来からのラジコン向けの 3 つのカテゴリーがある。ここでは、ロボット用途に適している、「コマンド方式」に対応した RS シリーズと AJ シリーズについて概要を説明する。

RS シリーズは、製造時に 1 台ずつ角度を校正しているので、初心者には難しいロボットのトリミング作業が不要である。そのため、ロボットの組み立て完了後に角度の初期調整無しで、すぐロボットを動かすことができる。

RS30 シリーズは、ROBO-ONE Light に出場する小型ロボットや、大型ロボットの頭や腕等に利用されている。小型で品質が安定していることから、デアゴスティーニの ROBO-XERO や Robi、Robi2（図 3-26）、ヴイストンの Sota 等のロボットにも採用されている。

RS40、RS60 シリーズは、ROBO-ONE に出場する大型ロボットや、(株) アールティの「ネコ店長」

や、PROJECT J-DEITE[2]の変形ロボット等に採用されている。また、千葉工業大学の「CIT Brains」はRS405CBを使って、ロボカップ世界大会のサッカーヒューマノイドリーグkidサイズ部門で2連覇を達成している。

AJシリーズは100kgf・cm以上の高トルク出力で、防水仕様と金属部品の採用により、信頼性と耐久性を要求される無人機等の業務用途を中心に使われている。

ROBO-ONEに参加するロボットには、RS30x、RS40x、RS60xシリーズのサーボが適しているだろう。特にROBO-ONE LightではRS30xシリーズが小型軽量でお勧めだ。大サイズには、RS405CB（トルクタイプ：48kgf・cm、0.22sec/60°）、RS406CB（スピードタイプ：28kgf・cm、0.11sec/60°）がパワフルで最適だ。

ここでは、パソコンとサンプルソフトを使ってサーボを簡単に動かす方法を説明する。「4-7 Arduinoで双葉電子工業のサーボを動かす（制御／情報取得）」では、Arduinoを使ってサーボを動かす方法を説明してあるのでそちらも参考にしてほしい。

図 3-26 Robi2

図 3-27 主なサーボ
（左手奥から①AJ9DA、②RS601CR、③RS405CB、④RS301CR）

表 3-3 双葉電子工業の主なサーボの仕様[3]

機種名	電圧 [V]	トルク [kgf・cm]	スピード [sec/60°]	可動角度 [度]	サイズ[mm]	重量[g]
RS30 シリーズ	7.4	4.5～7.1	0.11～0.16	300	35.8×19.6×25.0	21～28
RS40 シリーズ	11.1	28.0～48.0	0.11～0.22	300	40.5×21.0×41.8	67
RS60 シリーズ	9.6	21.0	0.17	240	59.0×26.0×47.1	93
AJ9DA シリーズ	11.1～24.0	84～110	0.16～0.27	180	64.2×34.0×73.7	337～355

---

2) https://j-deite.jp/
3) 詳しくは右記参照　http://www.futaba.co.jp/robot/index（ロボット・無人機用機能部品）

3-4-2　パソコンでサーボを動かす

RS485タイプのサーボをパソコンに接続して簡単に動かす方法を説明する。

接続方法

サーボとパソコンの具体的な接続例としては図3-28のようになる。

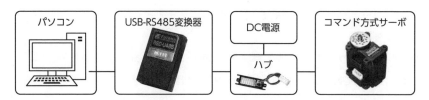

図 3-28　パソコンとサーボの接続例

パソコンとサーボを繋いで、コマンド方式で動かす場合の接続法やサーボの操作説明は双葉電子工業のウェブサイトに詳しい図があるので参照してほしい[4]。

サンプルプログラムの紹介

サーボを動かすには、サーボに動作の指示をする必要がある。パソコンを使った場合のサンプルプログラムが双葉電子工業のウェブサイトにあるので、これを使えば簡単にサーボを動かすことができる[5]。以下にサンプルソフトについてまとめる。

- RSC-U485用サンプルプログラム（HSP版）ver.2.0b（1.9MB）
  HSP（Hot Soup Processor）という言語で作成してある。以下3種のソフトが含まれている。
  rs485-Basic_20b　：サーボの角度、負荷、温度等がリアルタイムで見られる
  rs485-idwriter_20c　：サーボのID書き換えができる
  rs485-robot　　　　：20個のサーボを1画面で操作できる
- RSC-U485用サンプルプログラム（C言語版）ver.1.0（39.09KB）
  サーボへの動作指令をC言語で書いたソースコードのサンプル。自分でソフトを作成するときはこれをベースに作成するとよい。
- RSC-U485用サンプルプログラム（VBA版）ver.1.0（897.28KB）
  Microsoft OfficeのアプリケーションからVBAを使ってサーボを動かせるサンプルプログラ

---

[4]　サーボの接続方法：http://www.futaba.co.jp/robot/systems
　　取扱説明書：http://www.futaba.co.jp/robot/download/manuals
[5]　サンプルプログラム：http://www.futaba.co.jp/robot/download/sample_programs

ム。PowerPoint でプレゼンテーションをしながら、ボタンをクリックしたらサーボが動くというようなことができる。
- RSC-U485 用サンプルプログラム（VB 版）ver.1.0（819.66KB）
  Visual Basic で作成したサンプルプログラム。

このあとで解説するアプリケーションソフト使用例では、このプログラムを使用した手順を説明する。詳細は、取扱説明書「RS485-MemoryMapEditor_VB 操作説明書 .pdf」が同じフォルダにあるので参考にしてほしい。

サンプルソフト利用手順（MemoryMapEditor_VB.exe）

1 ソフト起動と初期設定

VB 版のサンプルプログラムを解凍し、MemoryMapEditor_VB.exe を実行する。

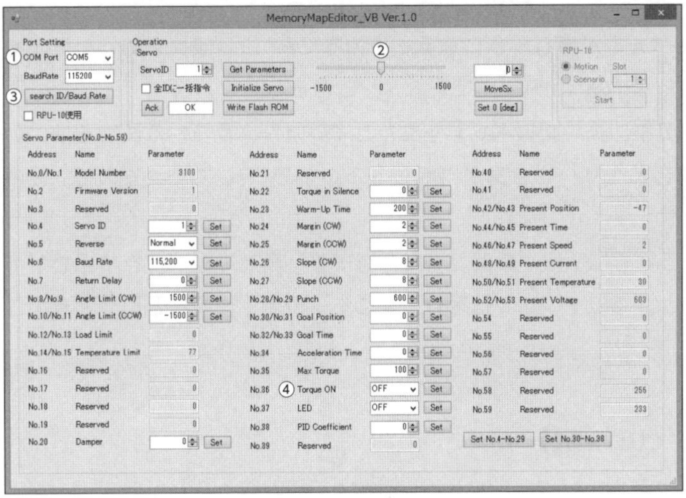

図 3-29 RS485-MemoryMapEditor_VB 画面

MemoryMapEditor_VB を起動後、COM Port（図 3-29 ①）をパソコンの設定（双葉製 RSC-U485 を使用した場合 Windows のデバイスマネージャのポート（COM と LPT）の Futaba Corporation RSC-U485（COM5）の表記）と同じ番号に設定する。

［search ID/BaudRate］（ID と通信速度を探す操作）のボタン（図 3-29 ③）をクリックすると、サーボ ID と通信速度を探し、見つかるとサーボのメモリーマップの値が読み込まれて画面に表示される。このとき、［search ID/BaudRate］を行うときは、必ず接続されたサーボ 1 台のみとすること。これでパソコンとサーボが繋がり、操作できるようになる。

2 サーボを動かす

　図3-28のハブの電源スイッチをONにする。次に図3-29④のNo.36 Torque ONをONにして右の[Set]ボタンをクリックする。トルクがONになったかどうか、出力軸を手で回しても動かないことを確認する。

　図3-29②のスライドバーをマウスでドラッグするとスライドバーが示す角度に合わせてサーボの出力軸を動作させることができる。

3-4-3　特徴的な機能

　双葉電子工業のコマンド方式サーボには多くの機能がある。その中でも活用度の高い機能をピックアップして紹介する。

破損防止機能

　サーボを使ってロボットを動かしていると、何かを挟み込んだりしてサーボが過負荷になると、従来のサーボでは壊れてしまうことがあった。双葉電子工業のコマンド方式サーボは、サーボ内部の温度を測定し、温度が高くなりすぎてサーボが壊れそうになると出力をOFFにし破損を防ぐ機能があるので安心だ。温度情報は、メモリマップのNo.50-51でモニターできる。

　この機能があれば、モーション作成中、長時間ロボットを立たせていたり、うっかり関節を逆に動かしてロックしても、サーボの異常発熱をサーボ自身が判断しトルクをOFFしてくれるので、破損を避けることができる。

　例えば、ROBO-ONEで戦っているときにサーボの温度をモニターし、高温になってきて出力が下がってきたら、そのサーボに負荷のかかるモーションは避けて別のモーションにするというようなことも可能だ。

電流値（No.48-49 Present current）

　サーボに流れる電流値をメモリマップNo.48-49 Present currentで読み取ることができる。電流値は、サーボの出力トルクにほぼ比例するので、どれくらいの負荷がサーボに働いているのかを知ることができる。

　ROBO-ONEで戦っているときに、相手のパンチをもらったら、各サーボの負荷に変化が現れる。この変化量を元に戻すように制御することでバランスを取り、ダウンを免れる動作ができるかもしれない。

同期動作

　コマンド方式サーボへの指令には、サーボ1つだけに動作を指示する「ショートパケット」と、複

数のサーボに動作を指示する「ロングパケット」がある。複数のサーボを動かすためにはサーボ１つずつにショートパケットを送る方法と、ロングパケットで一度に指示する方法があるが、前者の場合、それぞれのサーボの動作開始のタイミングに通信の時間分だけ微妙なズレが生じてしまう。

　ロボットの歩行時の脚部や攻撃時の手足のように、多数のサーボをタイミングを合わせて動かさないといけない場合には、ロングパケットを使用して、すべてのサーボを同期させて動かすとよい。

　ROBO-ONEで「大技」と呼ばれるものはバランスやタイミングが重要なので、ロングパケットを使うのが特に有効だ。

ブロードキャスト（同報通信）

　IDを0xFFにすると接続されているすべてのサーボに同一の指示が一度にできる。ただし、複数のサーボを接続しているときは、データの衝突が発生するためリターンパケットを受信できない。

　この機能を応用し、サーボを１台だけ接続してブロードキャストでサーボIDのリターンパケットを要求すれば、サーボのIDが不明でもサーボIDを含むリターンパケットを受信できるので、IDを調べることができる。

コンプライアンス制御

　コンプライアンス（弾力）制御は、コマンド方式サーボの最も特徴的な機能の１つである。

　通常サーボは目標角度と実際の角度の誤差がなくなるように動こうとする制御を行っている。このとき、サーボの持っている最大限の能力で制御しようとするので、外力に対する柔軟性はほとんどない。しかし、「コンプライアンススロープ」の値を調整することで、まるでバネが入ったような弾力のある動作をさせることができる。

　「コンプライアンススロープ」に設定された角度範囲（図3-30②）では、現在の角度が目標角度（図3-30①）から遠ざかるほど、目標角度へ動こうとする力がだんだん大きくなる制御を行い、図3-30③になったところが最大出力になるようにしている。そのため、まるでバネが入っているような弾力のある動きになる。

　コンプライアンススロープを有効に調整することで、従来は圧力センサ等を利用して行っていた「柔らかく掴む」といった「力加減」を必要とする制御を、コマンド方式サーボだけで簡単に行うことが可能になる。

　ROBO-ONEの捨て身技をするときは、ロボットが転倒することになる。その際、技の終わりの転倒直前に、このコンプライアンススロープを大きな値にすると転倒時の衝撃を吸収することができる。

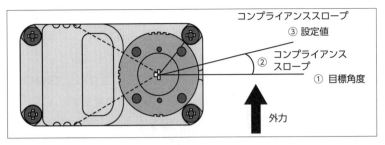

図 3-30 目標角度とコンプライアンス設定

3-5 Dynamixel とは

ROBOTIS 社の Dynamixel は黎明期からロボット向けのサーボという位置付けで開発され、ラジコンサーボ用の専用 IC ではなく汎用のマイコンを搭載させることで機能を拡張させた代表例である。しかし、ホビー以外の世界では一般的である機能の一部を取り込んだだけともいえ、そういった視点では目新しい点はないが、要望を取り込むべく年々機能向上を図っている。

3-5-1 ラインナップ

最新の Dynamixel では関節の角度を制御する以外に、台車などに用いるホイールの回転速度を制御したり、柔らかいものを潰さずに掴むためのトルクを制御したりといった目的に使用でき、要求されるパワーやインタフェースなどによってラインナップが分かれる。一部のモデルを抜粋して紹介するが、全ラインナップの詳細はウェブサイト[6]を参照して欲しい。

表 3-4 Dynamixel のラインナップ

モデル名	サイズ〔mm〕	重量〔g〕	動作電圧〔V〕	ストールトルク〔N·m〕/〔V〕	ストール電流〔A〕/〔V〕	動作角度〔deg〕	角度分解能	I/F	プロトコル
AX-12A	32x50x40	54.6	9〜12	1.5/12	1.5/12	300	1024	TTL	V1
AX-18A	32x50x40	55.9	9〜12	1.8/12	2.2/12	300	1024	TTL	V1
MX-28AR	35.6x50.6x35.5	77.0	10〜14.8	2.5/12	1.4/12	360	4096	RS-485	V1 or V1/V2

6) http://www.besttechnology.co.jp/modules/knowledge/?DXLSeries

表3-4 Dynamixelのラインナップ（続き）

モデル名	サイズ [mm]	重量 [g]	動作電圧 [V]	ストールトルク [N·m]/[V]	ストール電流 [A]/[V]	動作角度 [deg]	角度分解能	I/F	プロトコル
MX-64AR	40.2x61.1x41	135.0	10〜14.8	6.0/12	4.1/12	360	4096	RS-485	V1 or V1/V2
MX-106R	40.2x65.1x46	153.0	10〜14.8	8.4/12	5.2/12	360	4096	RS-485	V1 or V1/V2
XL430-W250-T	28.5x46.5x34	57.2	10〜12.0	1.4/11.1	1.3/11.1	360	4096	TTL	V1/V2
XM430-W210-R	28.5x46.5x34	82.0	10〜14.8	3.0/12	2.3/12	360	4096	RS-485	V1/V2
XM430-W350-R	28.5x46.5x34	82.0	10〜14.8	4.1/12	2.3/12	360	4096	RS-485	V1/V2
XM540-W150-R	33.5x58.5x44	165.0	10〜14.8	7.3/12	4.4/12	360	4096	RS-485	V1/V2
XM540-W270-R	33.5x58.5x44	165.0	10〜14.8	10.6/12	4.4/12	360	4096	RS-485	V1/V2
H54-200-S500-R	54x54x126	855	24	44.7/24	9.3	360	501923	RS-485	V2
H54-100-S500-R	54x54x108	732	24	25.3/24	5.5	360	501923	RS-485	V2
H42-20-S300-R	42x42x84	340	24	5.1/24	1.5	360	303750	RS-485	V2
M54-60-S250-R	54x54x126	853	24	10.1/24	3.0	360	251417	RS-485	V2
M54-40-S250-R	54x54x108	710	24	3.9/24	1.9	360	251417	RS-485	V2
M42-10-S260-R	42x42x72	269	24	1.7/24	0.6	360	263187	RS-485	V2

3-5-2　Dynamixelがサポートするインタフェースとコネクタ

　RS-485とTTLの2種類のI/Fが用意されているものがあり、モデル名の末尾に「R」とあるものがRS-485、「T」とあるものがTTL I/F版となる。どのモデルであっても同じ信号が並列に接続された4ピンないし3ピンのコネクタが2個装備されるが、リリース時期によりコネクタメーカーが異なることに注意が必要だ。

表 3-5　Dynamixel がサポートする I/F

I/F	AX/DX/EX/MX/PRO シリーズ	X シリーズ
RS-485	molex 22-03-5045	JST B4B-EH
	① RS-485 D- ② RS-485 D+ ③ V_{DD} ④ GND	① GND ② V_{DD} ③ RS-485 D+ ④ RS-485 D-
TTL	molex 22-03-5035	JST B3B-EH
	① SIG ② V_{DD} ③ GND	① GND ② V_{DD} ③ SIG

3-5-3　通信プロトコル

　プロトコルの詳細は製品のドキュメントを参照してもらうとするが、Dynamixel はマスタースレーブの通信方式を採用し、マスターから送信されるパケットをインストラクションパケット、スレーブから送信されるパケットをステータスパケットと称している。

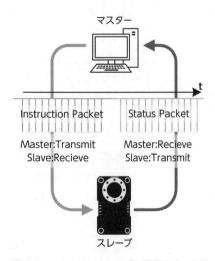

図 3-31　マスタースレーブの通信方式の仕組み

また、製品のリリース時期によりプロトコルが2種類存在し、相互の互換性はない。
- Dynamixel プロトコル 1.0[7]
- Dynamixel プロトコル 2.0[8]

参考にプロトコル 2.0 で規定されるパケットのフレームを紹介すると（図 3-32）、ヘッダ・ID・パケット長・インストラクション・パラメータ・チェックサムが含まれる。このバイト列に従ったパケットを用いてホストと Dynamixel の間で情報がやりとりされるが、CRC によるチェックサムの計算と特定のバイト列が並んだ際のイリーガル処理が少々面倒である。

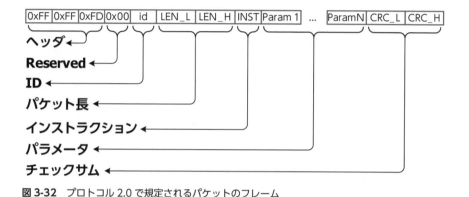

図 3-32　プロトコル 2.0 で規定されるパケットのフレーム

3-5-4　Dynamixel のコントロールテーブル

コントロールテーブルの構成はモデルによって異なる場合があり、すべて同じと考えるのは危険である。プロトコルのバージョンに依存したアドレス幅の違いもあるため、マニュアルを片手ににらめっこしながらプログラミングするのが常である。

参考に Dynamixel X シリーズのコントロールテーブルの一部を抜粋する。アイテムによって占有するバイト数や数値範囲が異なったり、アイテムが本来意味する数値とは異なる値を扱ったりするものもある。

---

[7] http://www.besttechnology.co.jp/modules/knowledge/?DYNAMIXEL%20Communiation%20Protocol%201.0
[8] http://www.besttechnology.co.jp/modules/knowledge/?DYNAMIXEL%20Communiation%20Protocol%202.0

3 章 ロボットの駆動部分：サーボについて

表 3-6 Dynamixel シリーズのコントロールテーブル

Address	Item Name	Access	Default Value	Type/Range
0	Model Number	R	-	uint16
1				
2	Model Information	R	0	uint32
3				
4				
5				
6	Version of Firmware	R	?	uint8
7	ID	R/W (NVM)	1	uint8 0〜252
8	Baudrate	R/W (NVM)	1	uint8 0〜7
中略				
64	Torque Enable	R/W	0	uint8 0〜1
65	LED	R/W	0	uint8 0〜1
中略				
116	Goal Position	R/W	-	int32 -1048575〜1048575
117				
118				
119				
中略				
132	Present Position	R	-	int32
133				
134				
135				
中略				
144	Present Input Voltage	R	-	uint16
145				
146	Present Temperature	R	-	uint8

3-5-5　ホストコントローラ

　Dynamixel は完全に受動のため単体では何一つ機能することはなく、他から動かしてもらうためにプロトコルと I/F が公開されている。それらに合致する I/F さえ用意すれば、どのような装置であってもホストコントローラとなり得る。今のところ Windows PC と USB 接続の Dynamixel 専用 I/F ボードを用意することで、提供されているソフトウェアを用いれば比較的容易にホストコントローラをあつらえることができる。

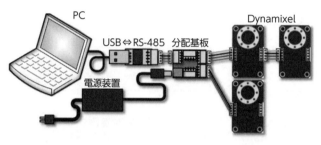

図 3-33　Dynamixel の接続

PC + USB シリアル I/F

　PC をホストコントローラとするための代表的な USB シリアル I/F を紹介する。なお、molex 社のコネクタを装備した I/F は絶版となっているため、molex 社のコネクタを装備した Dynamixel に使用する際は別途 molex ↔ JST 変換ケーブルが必要である。

表 3-7　代表的なシリアル I/F

メーカ・品名	対応 Dynamixel	主な特徴
ROBOTIS 社 U2D2	全機種	RS-485 および TTL I/F 用のコネクタを 1 個ずつ装備 最大 12Mbps の通信速度に対応
ベストテクノロジー社 DXHUB2	全機種	RS-485 および TTL I/F 用のコネクタを 6 個ずつ装備し、電源の分配機能を持つ。最大 12Mbps の通信速度に対応

表 3-7　代表的なシリアル I/F（続き）

メーカ・品名	対応 Dynamixel	主な特徴
ベストテクノロジー社 USB2RS485 dongle	RS-485 I/F 装備版	TTL I/F 用のコネクタを 1 個装備。USB ポート直結のドングル型。USB と RS-485 I/F 間は絶縁済。最大 3Mbps の通信速度に対応
ベストテクノロジー社 USB2TTL dongle	TTL I/F 装備版	RS-485 I/F 用のコネクタを 1 個装備。USB ポート直結のドングル型。USB と RS-485 I/F 間は絶縁済。最大 3Mbps の通信速度に対応
ベストテクノロジー社 DXSHIELD	全機種	Arduino UNO に Dynamixel 用の I/F を増設するシールド。RS-485 および TTL I/F 用のコネクタを 5 個ずつ装備し、電源の分配機能を持つ。最大 2Mbps の通信速度に対応。設定により DXHUB2 ライクな使い方も可能。別途 Arduino Uno が必要

　どれも一長一短があるが、執筆時点では DXHUB2 を推奨しておく。DXHUB2 は電源コネクタを搭載しているのと、搭載されたスイッチで Dynamixel へ供給する電源の ON/OFF ができる。

図 3-34　DXHUB2 による接続

Arduino + DXSHIELD

先のリストにも紹介した DXSHIELD は、DXHUB2 と同様に TTL と RS-485 I/F を装備し電源コネクタが装備されている。また、Arduino に書き込むスケッチに応じて DXHUB2 モドキに化けたり、Arduino Uno そのものをホストコントローラとして使用することができる。

図 3-35 Arduino + DXSHIELD による接続

OpenCR1.0

OpenCR は、Dynamixel を ROS で運用することを念頭に設計された組込みボードで、Arduino Uno とは比較にならないほどの高速な CPU を搭載している。

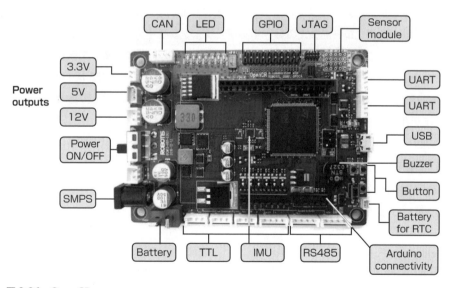

図 3-36 OpenCR

提供される Arduino IDE には各種 API が用意されているので、マイコンボードにしては動かすまでにかかる労力はかなり低く抑えられている。

DXMIO

　Dynamixelと同じI/Fを装備した単純なマイコンボードで、デフォルトではDynamixelプロトコルに対応したマルチファンクションI/Oボードとして振る舞うファームウェアが書き込まれている。任意のファームウェアを作成して書き込むことができるため、スレーブ以外にホストとしても機能させることができる。マイコンボードという体裁上、少々ハードルが高い部分がある。

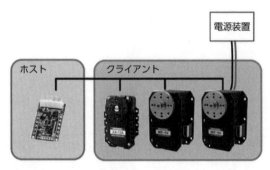

図 3-37 DXMIOによる接続

3-5-6　PCからDynamixelを制御する（Python編）

　PCであろうが組込みボードであろうが、簡単なアプリケーションであろうが、プログラミングなしには動かすことができない。便宜上ベストテクノロジー社より提供されているDynamixelライブラリを用いながら最低限の動作フローを交えて紹介するが、ライブラリそのものの使い方やプログラミングの方法はここではすべて割愛する。詳細はライブラリの紹介サイト[9]で確認して欲しい。

　前提条件としてWindows上で動作するPythonがインストールされており、I/FはDXHUB2を用い、COMポート番号は10であるものとする。さらにコントロールテーブルへ直接アクセスするためのAPIは避け、モデルを意識せずに角度や回転数を扱えるAPIを用いる。

間欠的な角度指令

　任意のタイミングで目的の角度にホーンを移動させる場合は、DXL_SetGoalAngleを用いて角度を指令すればその角度にフルパワーで移動する。

リスト 3-1　間欠的な角度指令

```
# ID=1,Baudrate=57143[bps],プロトコルV1のDynamixel
from dxlib import *
```

---

[9] http://www.besttechnology.co.jp/modules/knowledge/?Dynamixel%20Library
　　http://www.besttechnology.co.jp/modules/knowledge/?Dynamixel%20Protocol%202%20Library

3-5 Dynamixel とは

```
dev = DX_OpenPort(b"¥¥¥¥.¥¥COM10", 57600)      # ポートオープン
if dev != None:                                 # ポートオープンの成否を判断
  print(DXL_GetModelInfo(dev, 1).contents.name) # ID=1のデバイス名を取得
  DXL_SetGoalAngle(dev, 1, 90.0)                # 90度（中央位置）に移動
  DX_ClosePort(dev)                             # ポートクローズ
```

　Dynamixel X/PRO/MX（プロトコル V2 版）シリーズにおいては、あらかじめ DXL_SetTorque Enable でトルクイネーブルしてから DXL_SetGoalAngle を呼び出す必要がある。

リスト 3-2　間欠的な角度指令（Dynamixel X/PRO/MX シリーズの場合）

```
# ID=1,Baudrate=57600[bps],プロトコルV2のDynamixel
from dx2lib import *
dev = DX2_OpenPort(b"¥¥¥¥.¥¥COM10", 57600)
if dev != None:
  print(DXL_GetModelInfo(dev, 1).contents.name)
  DXL_SetTorqueEnable(dev, 1, True)        # トルクイネーブル
  DXL_SetGoalAngle(dev, 1, 90.0)           # 90度（中央位置）に移動
  DX2_ClosePort(dev)
```

2 点間を任意速度で移動（1）

　初期状態の Dynamixel へ角度を指令するとフルスピードでその角度へ移動するが、DXL_SetGoalAngleAndRPM を使用すると移動速度を制限して角度を指令することができる。しかし、Dynamixel DX/AX/RX/EX/MX シリーズでの速度制御は負荷等の条件によりかなり変動するので注意が必要である。

リスト 3-3　2 点間を任意速度で移動（移動速度を制限して角度を指令）

```
# ID=1,Baudrate=57143[bps],プロトコルV1のDynamixel
import sys,time
from dxlib import *
dev = DX_OpenPort(b"¥¥¥¥.¥¥COM10", 57600)
if dev != None:
  print(DXL_GetModelInfo(dev, 1).contents.name)
  DXL_SetTorqueEnable(dev, 1, True)
  DXL_SetGoalAngleAndRPM(dev, 1, -90.0, 20)  # 20rpmで90度へ移動
  time.sleep(2.0)                             # 2秒待ち
  DXL_SetGoalAngleAndRPM(dev, 1, 0.0, 20)    # 20rpmで0度へ移動
```

```
    time.sleep(2.0)
    DXL_SetGoalAngleAndRPM(dev, 1, 90.0, 20)     # 20rpmで90度へ移動
    time.sleep(2.0)
    DX_ClosePort(dev)
```

なお、Dynamixel X/PRO/MX（プロトコル V2 版）シリーズにおいては、精度の良い速度制御を行いながら位置決め制御を行うことができる。

2 点間を任意速度で移動（2）

Dynamixel DX/AX/RX/EX/MX シリーズにおける速度制御の精度が良くないことから、Goal Position を小刻みに目標値まで増やしつつ、できるだけ高速かつスムーズに書き込みを行うことで、速度制御を模擬する方法を以前からとっていた。その場合ボーレートをできるだけ高く設定しておくことが望まれる。

リスト 3-4　2 点間を任意速度で移動（Goal Position を小刻みに増やしながら書き込む）

```
# ID=1,Baudrate=1M[bps],プロトコルV1のDynamixel
from dxlib import *
# 線形補間
def P2P(dev, id, p0, p1, ms):
    t0 = GetQueryPerformanceCounter()            # 現在のmsカウンタ取得
    t1 = t0 + ms;                                # 目標カウンタ設定
    while t1 > GetQueryPerformanceCounter():     # 目標カウンタになるまで繰り返し
        p = p0 + (p1 - p0) * (GetQueryPerformanceCounter() - t0) / (t1 - t0)
        DXL_SetGoalAngle(dev, id, p)             # 位置指令
    DXL_SetGoalAngle(dev, id, p1)                # 最後の一押し

dev = DX_OpenPort(b"¥¥¥¥.¥¥COM10", 1000000)
if dev != None:
    print(DXL_GetModelInfo(dev, 1).contents.name)
    DXL_SetTorqueEnable(dev, 1, True)
    P2P(dev, 1,-90,90,2000)    # -90deg->90deg 2sec
    P2P(dev, 1, 90, 0,1000)    # -90deg->0deg 1sec
    P2P(dev, 1,  0,90, 500)    # 0deg->90deg 0.5sec
    DX_ClosePort(dev)
```

複数軸へ同時に角度指令

複数軸を相手にする場合に1軸ごとに角度を指令していると、書き込みごとに処理の開始時間の遅れが積算して、最初と最後の軸の指令タイミングがずれてしまう。それを解消するにはDXL_SetGoalAnglesを使用するとよい（コントロールテーブルの構成が同じモデルであることが条件）。

リスト 3-5　複数軸へ同時に角度指令

```python
# ID=1~5,Baudrate=1M[bps],プロトコルV1のDynamixel
import sys
from dxlib import *
def P2P(dev, ids, p0, p1, num, ms):
  t0 = GetQueryPerformanceCounter();
  t1 = t0 + ms;
  tpos=(c_double * num)
  p=tpos()
  while t1 > GetQueryPerformanceCounter():
    for i in range(num):
      p[i] = p0[i] + (p1[i] - p0[i]) * (GetQueryPerformanceCounter() - t0) ¥
           / (t1 - t0)
    DXL_SetGoalAngles(dev, ids, p, num)     # 複数軸の角度を一括指令
  DXL_SetGoalAngles(dev, ids, p1)

dev = DX_OpenPort(b"¥¥¥¥.¥¥COM10", 1000000)
if dev != None:
  for i in range(1, 6): print(i, DXL_GetModelInfo(dev, i).contents.name)
  for i in range(1, 6): DXL_SetTorqueEnable(dev, i, True)
  Tpos = (c_double * 5)
  pos=[                          # 5軸分の角度情報×7パターン
    Tpos( -180, -180, -180, -180, -180 ),
    Tpos(  -90,    0,  -90,    0,   90 ),
    Tpos(    0,  180,    0,  180, -180 ),
    Tpos(   90,    0,   90,    0,   90 ),
    Tpos(    0, -180,    0, -180, -180 ),
    Tpos(  -90,    0,  -90,    0,   90 ),
    Tpos( -180,  180, -180,  180, -180 ),
  ]
  for i in range(6):                        # 2秒で7パターンの配列を遷移させる
    P2P(dev, (c_uint8 * 5)(1,2,3,4,5), pos[i], pos[i + 1], 5, 2000)
  DX_ClosePort(dev)
```

フィードバック値を取得

位置を一方的に指令するだけであれば PWM 入力の RC サーボと何ら変わりはない。Dynamixel はコントロールテーブル上にフィードバック状態が反映されるアイテムがいくつかあるので、角度指令を繰り返している途中に DXL_GetPresentCurrents にて電流（負荷）を読み出し、その値が指定値よりも大きくなったら角度指令を停止させてみる。

リスト 3-6　フィードバック値を取得

```
# ID=1~5,Baudrate=1M[bps],プロトコルV1のDynamixel
import sys
from dxlib import *
# 電流（負荷）取得とスレッショルド超過継続時間判定
def CheckOverload(dev, ids, num, threshold, duration):
  overload = False
  cur = (c_double * num)()
  DXL_GetPresentCurrents(dev, ids, cur, num)     # 電流（負荷）取得
  b = False
  for i in range(num):
    if abs(cur[i]) > abs(threshold): b = True
  if b:
    if CheckOverload.tim == 0:
      CheckOverload.tim = GetQueryPerformanceCounter() + duration
    else:
      if GetQueryPerformanceCounter() > CheckOverload.tim:
        overload = True
  else:
    CheckOverload.tim = 0
  print(('{:7.1f}'*len(cur)).format(*cur)),      # 測定した電流値を表示
  if CheckOverload.tim > 0:
    print('{:5.0f}ms'.format(CheckOverload.tim - GetQueryPerformanceCounter ())),
  else:
    print('{:5.0f}ms'.format(duration)),
  sys.stdout.write('\r')
  sys.stdout.flush()
  return overload
CheckOverload.tim = 0

def P2P(dev, ids, p0, p1, num, ms):
  t0 = GetQueryPerformanceCounter();
  t1 = t0 + ms;
```

```python
      tpos = (c_double * num)
      p = tpos()
      while t1 > GetQueryPerformanceCounter():
        if CheckOverload(dev, ids, num, 300, 1000):   # 1秒間電流が300mAを超えたらTrue
          return True;
        for i in range(num):
          p[i] = p0[i] + (p1[i] - p0[i]) * (GetQueryPerformanceCounter() - t0) ¥
               / (t1 - t0)
        DXL_SetGoalAngles(dev, ids, p, num)
      DXL_SetGoalAngles(dev, ids, p1, num)
      return False

dev = DX_OpenPort(b"¥¥¥¥.¥¥COM10", 1000000)
if dev != None:
    for i in range(1, 6): print(DXL_GetModelInfo(dev,i).contents.name)
    for i in range(1, 6): DXL_SetOperatingMode(dev, i, 3)
    for i in range(1, 6): DXL_SetTorqueEnable(dev, i, True)
    Tpos=(c_double * 5)
    pos=[
      Tpos( -180, -180, -180, -180, -180 ),
      Tpos(  -90,    0,  -90,    0,   90 ),
      Tpos(    0,  180,    0,  180, -180 ),
      Tpos(   90,    0,   90,    0,   90 ),
      Tpos(    0, -180,    0, -180, -180 ),
      Tpos(  -90,    0,  -90,    0,   90 ),
      Tpos( -180,  180, -180,  180, -180 ),
    ]
    for i in range(6):
      if P2P(dev, (c_uint8 * 5)(1,2,3,4,5), pos[i], pos[i + 1], 5, 2000):
        break                                          # 位置指令中に過電流を検出したら抜ける
    for i in range(1, 6): DXL_SetTorqueEnable(dev, i, False)
    DX_ClosePort(dev)
```

　最後にフィードバックを使ったもう少しシンプルなプログラムを紹介する。Dynamixelが位置決め制御を行っていない状態であれば、出力軸を外部から動かすことができる。そのときの角度を読み出し、その値を別のDynamixelへ角度として指令すれば、Dynamixel間の位置のマスタースレーブの出来上がりである。

リスト 3-7 フィードバックを使ったマスタースレーブ

```python
# ID=1~2,Baudrate=1M[bps],プロトコルV2のDynamixel
from dx2lib import *
dev = DX2_OpenPort(b"¥¥¥¥.¥¥COM10", 1000000)
if dev != None:
  for i in range(1, 3): print(i, DXL_GetModelInfo(dev, i).contents.name)
  DXL_SetOperatingMode(dev, 1, 3)        # ID=1をJointモードに
  DXL_SetTorqueEnable(dev, 1, True)      # ID=1 トルクイネーブル
  DXL_SetTorqueEnable(dev, 2, False)     # ID=2 トルクディスエーブル
  for i in range(10000):
    if DXL_GetPresentAngle(dev, 2, pos):  # ID=2 角度取得
      print("{:8.2f} deg".format(angle.value)),
      sys.stdout.write('¥r')
      sys.stdout.flush()
      DXL_SetGoalAngle(dev, 1, pos)       # ID=1 角度指令
  DX2_ClosePort(dev)
```

Arduino によるサーボ制御

4章

本章では Arduino と、その開発環境と開発手順を解説したあと、Arduino によるシリアルサーボの使い方を解説する。

4-1　Arduinoとは

　日本では2020年から小学校でのプログラミング教育が義務付けられようとしている。学校の先生方は様々な教材の中から、低コストで簡単に使える教材を採用したいと考えているのではないだろうか。

　イタリアで2005年に学生向けの安価なプロトタイプシステムを製造することを目的にしたプロジェクトがスタートしていた。これから誕生したのがArduino（アルドゥイーノ）である。Arduinoはオープンソースのシングルボードマイコンで、世界中で使われており、Arduinoボードは、2013年には約70万台が販売されている。

4-2　色々なArduinoボード

　Arduinoボードは、Atmel AVRマイクロコントローラATmega8、ATmega168、ATmega328P、ATmega644P、ATmega1280などをベースに構成されている。図4-1はArduino Uno、Arduino Nano、Arduino Miniである。

図4-1　Arduinoボード(左からArduino Uno、Arduino Nano、Arduino Mini)

　さらに複雑なシステム開発をする場合は、図4-2のArduino Mega 2560などI/Oポートやメモリの豊富なボードも準備されている。

図 4-2　Arduino Mega 2560

4-3　Arduinoの開発環境

　Arduno ボードの開発環境は、Arduino IDE（統合開発環境）としてフリーで使えるものがArduino のウェブサイト[1]よりダウンロードできる。エディタ、コンパイラ、基板へのファームウェア転送機能、シリアルモニター、シリアルデータをグラフ化できるシリアルプロッターなどが含まれる。

　Windows/Mac/Linux 版が準備されているのでほとんどのパソコンが利用できる。ただし USB ポートを通してプログラムをマイコンのメモリに転送するので USB ポートを搭載していることが前提である。

　ここでは Windows 版 Arduino IDE 1.8.3 を使用している。図 4-3 は Arduino IDE を起動し、サーボモータの駆動プログラム（Arduino ではプログラムをスケッチと呼ぶ）を読み込み、シリアルモニターで動作をモニターしているところである。

---

[1]　https://www.arduino.cc/en/Main/Software

4章 Arduinoによるサーボ制御

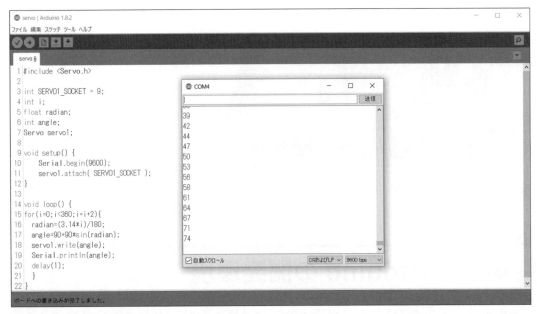

図 4-3 Arduino IDE 画面

プログラム開発の手順は以下のとおりである。

1. スケッチの読み込み

    「ファイル」メニュー→「開く」からスケッチを読み込む。

2. ボードの設定

    「ツール」メニューで、Arduinoボードが何であるか（Arduino Uno、Arduino Nanoなど）を設定する。

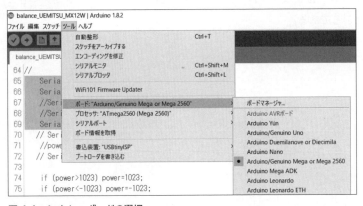

図 4-4 Arduinoボードの選択

3. マイコンを USB ポートに接続する

「ツール」メニューから図 4-5 のようにシリアルポートを設定する。

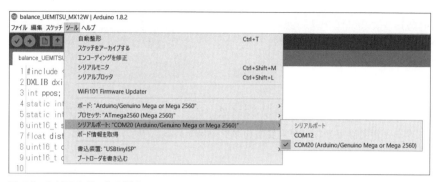

図 4-5 シリアルポートの設定

4 スケッチのコンパイル

読み込んだスケッチをコンパイルするには、ウィンドウの左上にある「✓」マークをクリックすればよい。

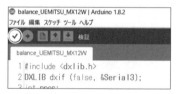

図 4-6 スケッチのコンパイル

5 ボードに書き込む

スケッチのエラーがなくなればプログラムをボードに書き込む。スケッチのウィンドウの左上にある「➡」をクリックすれば、コンパイルの後に書き込むことができる。

6 動作の確認

これでプログラムどおりにサーボモータが動いているかどうかなどを確認する。思い通りに動作していない場合はスケッチを見直し、同じ操作を繰り返す。

思い通りに動かない場合は、シリアルモニターやシリアルプロッターを使用し原因を究明する。その他の使い方の詳細は、実際のプログラミングの節で必要な項目を解説する。必要に応じて参考図書を参照いただきたい。

「ツール」よりシリアルプロッターを選択する。このときシリアルポート番号を選択しておく。

図 4-7 はシリアルプロッターに、取得したデータを時系列で表示したところである。

```
    Serial.print(x);
    Serial.print("、");
    Serial.print(y);
    Serial.print("、");
    Serial.println(z);
```

　上記のようにデータを "、" で区切ってプリントしておくと、データの数だけ時系列にプロットしてくれる。シリアルモニターと併用はできないが大変便利なツールである。

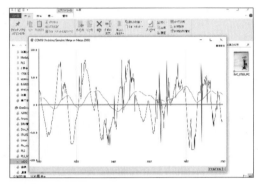

図 4-7　シリアルプロッターでデータを表示しているところ

4-4　Arduino Uno のハードウェア

　Arduino Uno ボードのハードウェアは、図 4-8 のように USB 端子と外部電源 7〜12V と I/O ピン、CPU は ATmega328P で構成されている。

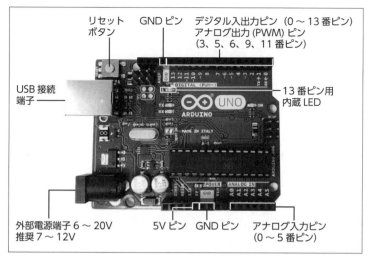

図 4-8 Arduino Uno

4-4-1　ATmega328P

ATmega328Pは、メモリは32256バイトのフラッシュメモリと2048バイトのRAMが搭載されており、クロックは16MHzである。これは10年ほど前から使われている安定したCPUだといえる。

4-4-2　RAMとフラッシュメモリ

スケッチをコンパイルすると以下のようなメッセージが現れる。開発にあたっては、メモリには限界があるのでこの表示に注意しておくとよい。どうしてもメモリが足りないという場合は上位のArduinoボードを使用したほうがよい。IDEの「ツール」メニューから選択するボードを変更し、I/Oポートを合わせれば、ほとんどの場合動作する。

- Arduino Uno の場合
  『最大32256バイトのフラッシュメモリのうち、スケッチが4934バイト（15%）を使っています。最大2048バイトのRAMのうち、グローバル変数が234バイト（11%）を使っていて、ローカル変数で1814バイト使うことができます。』
- Arduino Nano の場合
  『最大30720バイトのフラッシュメモリのうち、スケッチが4934バイト（16%）を使っています。最大2048バイトのRAMのうち、グローバル変数が234バイト（11%）を使っていて、ローカル変数で1814バイト使うことができます。』

Arduino Unoの場合とArduino Nanoの場合はほぼ同じメモリ容量を持っているので、小型化を

はかりたい場合は Arduino Nano を使うとよい。開発段階では Arduino Uno のほうが、様々なセンサやアクチュエータが接続できるシールドが揃っているのでお勧めだ。

4-4-3　PWM

　PWM はパルス幅変調（3-2-2 項参照）で、ラジコン用サーボモータではこのパルス幅を変更することによって、サーボ位置を変更する。Arduino Uno ではデジタル出力の 3、5、6、9、10、11 の 6 個のピンが PWM に利用できる。ボード上のピン番号の前に ~ 記号が記されているので PWM 端子であることがわかる。

　二足歩行ロボットの場合、脚に 12 軸（片脚 6 軸）、腕に 8 軸、頭に 2 軸程度を想定しておけばよいが、出力ピンが 6 本では足りない。Arduino0017（Arduino IDE のバージョン）以降では、I/O ポートを使ったライブラリを使うことで最大 12 個まで接続可能ではある。

　なお Arduino Mega の場合、最大 48 個まで増やすことができ、努力すれば PWM サーボで二足歩行ロボットを作ることができることになる。

　PWM ピンはアナログ出力にも使える。PWM の幅を替えることで、その積分値を出力すればアナログ出力となる。analogWrite( ) 関数で、0 〜 255 の 256 段階のアナログ出力が可能である。

4-4-4　A/D コンバータ（アナログ—デジタル変換器）

　PSD 距離センサや、ToF（Time of Flight）距離センサのアナログデータの取り込みに使用する。analogRead( ) 関数を使えば、センサから 0 〜 1023 の 10 ビットデータで読み取りが可能である。5V 比較の場合は 0V 〜 5V を 1024 段階で取り込みできる。

4-4-5　デジタル I/O

　入力は ON/OFF のセンサやスイッチの取り込みに、出力は LED やブザーの ON/OFF に使用する。ボードの DIGITAL0 〜 13 番ピンは、デジタル入出力の使用するピンを出力か、入力を pinMode( ) 関数で設定する。読み込みは digitalRead( ) で、HIGH か LOW で入力される。LOW は 0V に、HIGH は 5V に対応する。

　出力する場合は、digitalWrite( ) 関数で、同様に LOW/HIGH を出力すると、LED を点けたり消したりできる。

4-4-6　シリアル通信

　Arduino Uno にはシリアル通信ポートが 1 チャンネルあり、これにより、プログラムの書き込み

やモニターへの表示ができる。またI^2CやSPIが使用できる。6章ではI^2Cを使ったセンサからデータの取り込みに使用する。

Arduinoのシリアルポート

ArduinoのシリアルコマンドはラインナップによってArduino Unoに搭載されるATmega328Pには1つのUSART（Universal Synchronous and Asynchronous Receiver and Transmitter）が内蔵されている。この唯一のUSARTがPCと接続するためのUSBポートに占有されているため、実質的に他の用途には使えない。

しかしながら、Arduinoのヘッダにも同じ端子が接続されているため、コンパイル済みのスケッチをダウンロードする機能に影響を及ぼさないような処置を施しておけば使用できる。

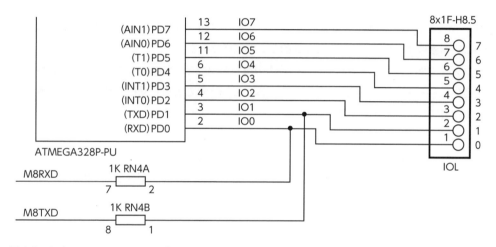

図 4-9 Arduino Unoのシリアルポート

また、ArduinoにはAVRのUSART以外の端子を用いてシリアル通信を行うためのライブラリが用意されているため、任意の端子を用いてある程度実用レベルなソフトウェアシリアルが利用できる。つまり、USBポートに接続されたUSARTをダウンロードやデバッグに占有させつつ、別の端子を用いて同等のシリアル通信を新たに設けることができるのだ。

さらに、そもそも複数のUSARTが必要であれば、Arduino Mega2560を使用するのが最良である。ATmega2560にはUSARTが4ch装備されており、大抵の用途では必要十分である。

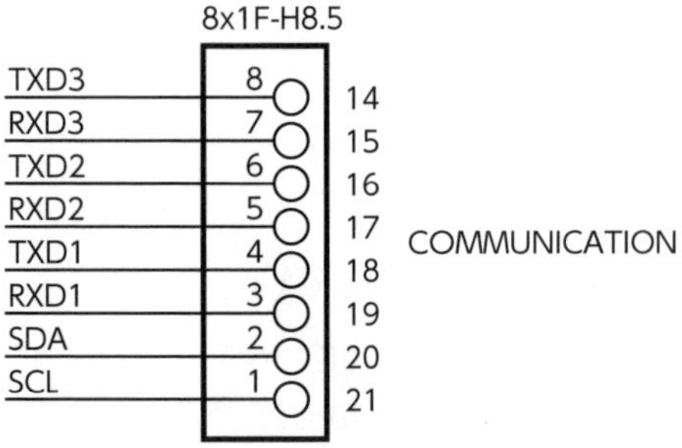

```
          8x1F-H8.5
TXD3    8  ○  14
RXD3    7  ○  15
TXD2    6  ○  16
RXD2    5  ○  17    COMMUNICATION
TXD1    4  ○  18
RXD1    3  ○  19
SDA     2  ○  20
SCL     1  ○  21
```

図 4-10 Arduino Mega のシリアルポート

センサデバイス等に採用されているシリアルインタフェース

● I^2C（アイスクエアドシー）

Inter-Integrated Circuit の略。近距離に配置されたチップ間用のバスで、あまり高速ではない情報伝達を少ない信号線でやりとりすることを目的とした規格である。

フィリップス社以外で採用され始めた時期は規格の重箱をつつき切れなかったこともあり、何かしらの問題が発生すると電源を入れ直さないと復帰しないといったことも見受けられたが、今や電子工作をする上では必須なインタフェースといえる。

電気的にはシリアル・データライン（SDA）とシリアル・クロックライン（SCL）の 2 本の入出力端子を用い、両端子にプルアップ抵抗を備えるだけである。規格は少しずつ追加され、今や最大 5Mbps の通信速度やマルチマスタに対応するものも存在する。また、距離やノイズ耐性を稼ぐためのバスバッファ IC なるものも登場している。

本来であれば細かい仕様も含めて記載すべきところだが、それだけで本が 1 冊書けてしまうため、ここでは基本的な部分のみを NXP 社の仕様書[2]を元に一部紹介する。

配線はマスターとスレーブのお互いの I^2C 用の端子を接続し、プルアップ抵抗を設けるだけである。図 4-11 では省略されているが、マスターとスレーブの電源ソースは共通である。

---

2) https://www.nxp.com/docs/ja/user-guide/UM10204.pdf

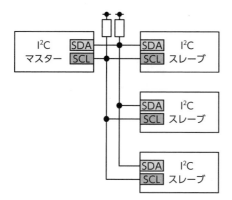

図 4-11 I²C の接続

あとは I²C の仕様に従って通信するだけだが、マイコン等に搭載される I²C 向けに用意された機能が多様なのと、それを制御するプログラム方法もこれまた多種多様である。センサメーカーなどがサンプルとして接続図やプログラムを提供していれば、さほど悩むこともなく動いてしまうかもしれないが、少しでもそれから逸れると何一つうまくいかなくなることが通例である。I²C の仕様にはやりとりされるデータそのものを保証する機能がないため、何が正しいかをデータだけで判断することはほぼできない。最終的にはオシロスコープ等を用いて信号ラインをモニターするしかない場合もあるので、最初のうちは何でもかんでも I²C 任せなデバイスで固めるのは避けたほうがよいだろう。

● SPI

Serial Peripheral Interface の略。たくさんの信号線を用いて情報をやりとりしていたチップ間のバスを、同期用のクロック（SCK）・マスターデバイスからの送信信号（MOSI）・スレーブデバイスからの送信信号（MISO）・スレーブデバイスを選択する信号（SS）の 4 本の信号線でやりとりすることを目的とした規格である。主にメモリチップの情報をやりとりする目的で採用されている。

配線はマスターとスレーブのお互いの SPI 用の端子を接続するだけである。図 4-12 では省略されているが、マスターとスレーブの電源ソースは共通である。

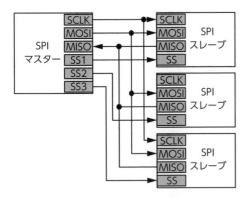

図 4-12 SPI の接続

スレーブが要求する仕様に合わせてマスターの SPI の機能を設定し通信するが、クロックに同期してマスターからの送信とスレーブからの送信が同時に行われる。そのため、スレーブデバイスの仕様を読み込んだ上で処理を行わないと、スレーブからの送信データの扱いが少々難しい場合がある。

なお、数十 Mbps の高速な通信を行うことができるデバイスもあることから、大量かつ高速なデータのやりとりが要求される A/D コンバータやメモリなどに採用されている。

4-5　I/O シールドでプログラミング

Arduino ボードに挿して 2 階建てにして使うボードのことをシールドと呼ぶ。I/O シールドはまさに I/O のすべてを使いやすい形でシールド上にコネクタピンを出してくれている。

図 4-13 は I/O シールドの ADC0 に PSD センサを取り付けたところである。ここではサインスマート（SainSmart）センサシールドを使用した。

図 4-13　I/O シールド

その他、I/O ピンや PWM ピン、I²C ピンなどが出力されている。

4-5-1　PSD センサのデータを取り込むスケッチ

ここでは PSD センサのアナログデータを A/D コンバータを使って読み込み、距離を測ってみよう。以下でスケッチを簡単に解説する。

```
int PSD_SOCKET = 0;
```

まずは A/D コンバータのポートを 0 チャンネルに設定すべく定数をセットする。

```
void setup( ){
    Serial.begin(9600);
}
```

setup( ) では最初に一度だけ設定のために呼ばれる。ここではシリアルポートの通信速度を 9600bps に初期化している。

```
void loop( ){
```

loop( ) は繰り返しループする関数である。

```
    int analog_val;
    float input_volt;
    float distance;
    String message = "";
```

loop( ) 内で使われる変数の初期化を行う。

```
    analog_val = analogRead(PSD_SOCKET);
```

セットした A/D コンバータチャンネルからデータを読み込む。

```
input_volt = float(analog_val) * ( 5.0 / 1023.0 );
distance=0.3/input_volt;
```

読み込んだデータを距離に補正する。

```
if (distance < 0.3 ){
    message = "Close : ";
} else {
    message = "Distant : ";
}
```

距離が近いか遠いかを判断する。

```
Serial.print(message);
Serial.print(input_volt);
Serial.print("V  ");
Serial.print(distance);
Serial.println("m");
```

シリアルモニターに message と入力電圧および距離を表示する。

```
delay (50);
```

50ms 待つ。

4-5-2　PWM サーボを制御するスケッチ

次に PWM サーボを動かしてみる。以下でそのためのスケッチを簡単に解説する。

```
#include <Servo.h>
```

サーボのヘッダーファイル（ライブラリ）を設定する。これによりサーボモータを制御できるようになる。ライブラリが存在することを確認する。ない場合は図 4-14 の「スケッチ」メニューからインストールする。

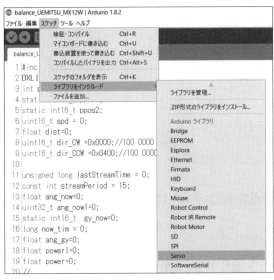

図 4-14 ライブラリをインストール

```
int SERVO1_SOCKET = 9;
```

9 ピンをサーボの出力端子とする。

```
int i;
float radian;
int angle;
Servo servo1;
```

変数の初期化を行う。

```
void setup( ) {
    Serial.begin(9600);
    servo1.attach( SERVO1_SOCKET );
}
```

setup( )ではシリアルポートの初期化とservo1を9番ピンにセットする。servo1.attachはServo.hで定義されている。

```
void loop( ) {
for(i=0;i<360;i=i+2){
  radian=(3.14*i)/180;
  angle=90+90*sin(radian);
  servo1.write(angle);
  Serial.println(angle);
  delay(1);
  }
}
```

上記はサーボを0から±90°をサインカーブで動作させるスケッチである。スムーズな加減速が可能となる。

4-5-3　ToF距離センサと2軸PWMサーボを制御するスケッチ

最近活用され始めたToF（Time of Flight）距離センサを使ってみよう。ToF距離センサは光源から発光した光が返ってくる時間を測定し、光の速さと掛けることで反射物体までの距離を計算するもので、マイコンの高速化によって近距離までの測定が可能になってきた。

図4-15のように、ToF距離センサを2軸のサーボに取り付けた。

図4-15　2軸のサーボにToF距離センサを取り付ける

小型サーボ（SG90）を2個組み合わせて、このセンサをスキャンしながらデータを取得するスケッ

チを作成した。4-5-1 項、4-5-2 項で解説した 2 つのスケッチを組み合わせればよいので、詳しい解説は行わないが、オーム社ホームページよりダウンロードできるので、ぜひ試してみていただきたい。これは、2 個のサーボで ToF 距離センサを上下左右に振りながら距離データを取得する簡易型の LIDER である。

図 4-16 はこのスケッチとシリアルモニター画面である。シリアルモニターに表示している数字は 1m の距離を 10 段階に表示している。センサからの距離 1m までを 10 分割し、0 から 9 までの数字でモニターに表示した。また 1m 以上を '*' で表示した。'C' はスキャンの行きの終わり、'e' は 1 工程の終わりを示す。行きと帰りが 1 行で表されている。スキャンのスピードを速く設定すると PWM サーボが追いつけなくなり左右が対象ではなくなる。

このモニター画面ではほぼ対称な状況であるが、90 度を往復するのに 2 秒ほどかかっている。ROBO-ONE auto で使用するためにはスキャンのスピードを上げる必要がある。その場合はサーボの角度データを読み、角度と距離の関係をきっちり求める処理等が必要となるので、角度データの取り込みが可能なシリアルサーボの使用が必須となる。

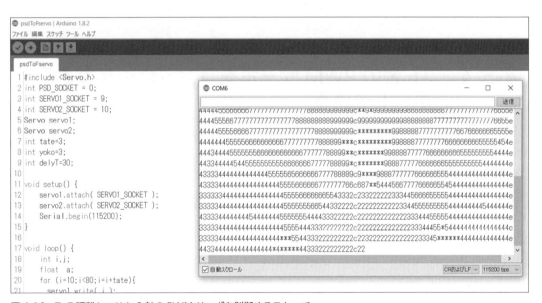

図 4-16 ToF 距離センサと 2 軸の PWM サーボを制御するスケッチ

図 4-17 のように ToF センサを ADC0 に接続する。2 軸のサーボモータは図 4-18 のように接続し、サーボへの供給電源は別電源とし、大電流が流れても問題がないように対応する。

ここでは、アナログ出力付きの ToF センサを使用したが、I²C 接続のものも販売されており、今後の活用の拡大が期待される。

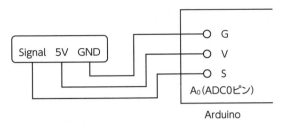

図4-17 ToF距離センサの接続

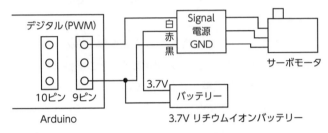

図4-18 2軸のサーボの接続

4-5-4　16軸のPWMサーボをコントロールできるボードを使う

　ROBO-剣では、最大6軸もあればよいので、Arduinoボード上のPWM出力のみで十分に対応できる。しかし、ROBO-ONEに参加する二足歩行ロボットを作るためには16〜24軸が必要である。これに対応するために、「16チャンネル12-ビットPWM Servoモータドライバー I^2C モジュールボード」(図4-19)を使ってみた。I^2C でArduinoボードと接続し、PWMを16軸分出力できる。これを2セット繋げば32軸分のPWM出力を出すことが可能となる。

4-5 I/Oシールドでプログラミング

図 4-19 16チャンネル 12-ビット PWM Servo モータドライバ I²C モジュールボード（左）

これを使うにはまず、ライブラリをダウンロードする[3]。
このライブラリを使う手順を述べる。

1　zipファイル形式でウェブサイト[3]よりダウンロードする
2　zip形式のライブラリをインストールする
　　図 4-20 の「スケッチ」メニューからインストールできる。

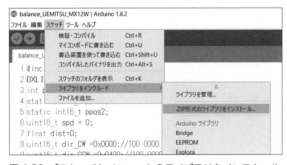

図 4-20　「スケッチ」メニューからライブラリをインストール

3　サンプルスケッチをライブラリフォルダから読み込む
　ここではライブラリにある exmple フォルダの servo.ino を使う。このサンプルはサーボを 1 個ずつのこぎり波で駆動するスケッチである。それを 16 軸同時に動かせるようにしてテストを試みたが、サーボモータの手持ちが 9 個しかなかったので、9 個を同時駆動で、サーボモータへの影響を確認した。

---
3)　https://github.com/adafruit/Adafruit-PWM-Servo-Driver-Library

4章 Arduinoによるサーボ制御

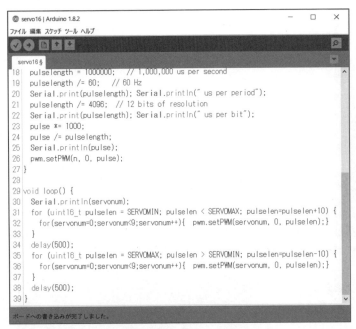

図4-21 9個のサーボを同時駆動させるスケッチ

　耐乱用試験を実施することで、過酷なROBO-ONEの試合中のトラブルを予知できる。使用したサーボは全く問題なく動作した。最近の中国産のサーボの品質は高くなっていることが確認できた。ちなみに試験を実施したサーボは「QUIMAT ロボット用デジタルサーボ LDX-218」（図4-22）である。

図4-22 今回の実験で使用したサーボ

4-6　ArduinoでKRSサーボを使用する方法

本節では、Arduinoを使用して近藤科学のKRSサーボを制御する方法を紹介する。KRSサーボについては、3-3節「近藤科学のサーボ」を参照してほしい。

4-6-1　必要な製品

ArduinoにKRSサーボを接続する場合、単純に対応する端子に接続することはできない。KRSサーボは3線のケーブルで接続している。そのケーブルの2本は「電源」「グランド（GND）」であり、残りの1本は通信線として送信、受信を行っている。そのため、Arduinoの送信と受信を1本にまとめる必要があるのだ。近藤科学のウェブサイトで公開している『ICS3.5/3.6 ソフトウェアマニュアル』を参考に回路を作成することができるが、KRSサーボを容易に接続できるようその部分をモジュール化した「ICS変換基板」（図4-23左）を販売しているので、これを利用する。その他にもKRSサーボを動作するために以下のアイテムが必要である。

図4-23　ICS変換基板（左）、KBSシールド2を中継してArduino Unoに搭載ができる（右）

- ICS変換基板
- KBSシールド2
- LV電源スイッチハーネス、またはHV電源スイッチハーネス
- 電源（ACアダプター、またはバッテリー）

KBSシールド2は、Arduino UnoへICS変換基板を搭載する際に必要な接続先の各端子が配線済みになっている。電源は、使用するサーボモータに合わせて電圧を設定する。ACアダプターと充電池（バッテリー）があり一長一短あるが、今回は開発で動かし続けるので、ACアダプターを使用する。スイッチハーネスは電源とICS変換基板の間に入れ、電源を切れるようになっている。LV用とHV

用があり、こちらも電源のコネクタに合わせて使用する。

4-6-2　ハードウェアシリアルとソフトウェアシリアル

「ハードウェアシリアル」は、Arduinoに実装されているSerial（UART）を使用した通信方法である。専用の回路が実装されているため安定したシリアル通信を行うことができる。Tx（送信）とRx（受信）が独立してマイコン（Arduino）内部に実装されている。ただし、Arduino UnoはUARTが1組しかなく、この端子はUSBにも繋がっている。つまり、KRSサーボモータをArduinoのSerial（UART）に接続すると、PCとの通信ができない。また、Serialはプログラムの書き込み端子を兼ねている。そのため、ICS変換基板にはスイッチが付いており、プログラム書き込みとKRSサーボモータの通信の切り替えを行っている。ハードウェアシリアルは、安定して通信ができるというメリットはあるが、設定値やセンサの値をPCに送信できないのは不便であるため、「ソフトウェアシリアル」を使用する方法がある。

ソフトウェアシリアルは、I/O端子を疑似的にUARTとして使用する機能である。ハードウェアシリアルとは違い、プログラムを切り替えるタイミングによってはコマンドの取りこぼしが起こる可能性があるが、USBをPCとの通信に使用できるため開発を行いやすい。以下の手順では、このソフトウェアシリアルを例にKRSサーボを動かす。

4-6-3　準備

まず、ソフトウェアシリアルを使用するために、KBSシールド2の準備をする。シールドは出荷状態でハードウェアシリアルに接続されている。表面にハードウェアシリアルに接続しているパターンがあり、一部細くなっているのでここをカッターなどを使って切断し、回路を切り離す。このときに、D2のENピンは使用するため、切り離さないように注意する。

さらに、ソフトウェアシリアルで使用する8、9番の端子にあるパターンにはんだ付けを行い接続する。これで、シールドはソフトウェアシリアルで使用できる接続になる。

4-6 ArduinoでKRSサーボを使用する方法

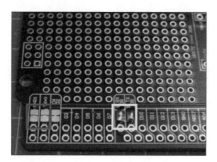

図 4-24　8、9番の端子にあるパターンにはんだ付けを行う

　ICS変換基板とシールドは、端子やソケットをはんだ付けする必要があるので、サーボの配線の前に各端子のはんだ付けを終わらせておく。はんだ付けができたらサーボや電源の配線をする。サーボのケーブルは、ICS変換基板のヘッダピンにコネクタの爪を電源端子側に向けて接続する。コネクタの極性に十分注意すること。逆に挿したりずらして接続を行った場合、サーボが破損する場合があるので十分に注意する。電源スイッチハーネスは、ICS変換基板の電源に接続する。これで準備は完了である。

図 4-25　電源スイッチハーネスをICS変換基板の電源に接続

4-6-4　ライブラリの概要

　近藤科学のウェブサイトにて、ArduinoでKRSサーボを使用するためのライブラリを公開している。ライブラリには、基本的なサーボのポジション命令やパラメータの変更ができる関数を用意している。

- サーボを制御する関数

　　setPos( )関数に「サーボのID番号」と「角度（ポジションデータ）」を入力することで、サーボを動作させることができる。ポジションデータは、サーボの動作角270°（±135°）を3500～11500の間の数字で指定する。例えば、krs.setPos(0,8000);のように使用する。

他にも、サーボを脱力状態にする setFree( ) がある。サーボは、ポジションデータ 0 を指定すると脱力した状態になるので、setPos(0,0); と指定しても同じ制御ができる。

● サーボのパラメータを変更する関数

KRS サーボはパラメータを変更し、特性の違った動きをさせることができる。setStrc( ) は、ストレッチを変更する関数だ。ストレッチは、サーボの軸の固さを変更することができるため、動作によってものを持ち上げる場合は固くしたり、待機しているときはストレッチを抑えてハンチング（サーボが細かく震える動作）を抑えるときに効果がある。setSpd( ) は、サーボの動作速度を変更する関数で、数値を小さくしていくことでゆっくりとした動作になるが、モータの出力自体を変更しているためトルクも落ちる。速度を変える場合は、ソフトで徐々に角度を変えるような補完制御などで変更することをお勧めする。その他、サーボによっては安全機能として電流制限や、温度制限で自動で脱力する機能があるが、この閾値を変更するための setCur( ) や setTmp( ) がある。

● サーボのパラメータを取得する関数

getStrc( ) や getSpd( ) などを使用してサーボからパラメータを取得することもできる。取得するパラメータは、前述と同じストレッチ、スピードと現在の電流値、温度値も取得できる。ただし、一部のサーボは電流、温度センサを実装していないので注意が必要である。ICS3.6 対応のサーボは、軸の現在値の取得機能が追加されている。これは、getPos( ) を使用することでリニアに取得することができる。ICS3.5 以前のサーボは、setPos( ) の返り値が現在値（ポジションデータ）なので、そちらを利用する。

● 受信機 KRR-5FH のボタンデータを取得する

無線コントローラ KRC-5FH と組み合わせで使用する受信機 KRR-5FH を Arduino に接続して、送信機から送られてきたボタンデータを取得することができる。送信機のボタンすべてに個別の番号が割り振られているため、取得したボタンデータを基に switch 文などで分岐をすれば簡単に無線コントロールができるようになる。また、送信機のボタンは同時押しも取得できる。例えば「1（↑）」のボタンと「512（Shift1）」のボタンを同時に押すと「513（↑ + Shift1）」をコントローラが送信し、KRR-5FH 側で受信することができる。

ライブラリは、近藤科学のウェブサイト [4] からダウンロードする。「ダウンロード」メニューから「ソフトウェア・サンプル」カテゴリーに行くと『ICS Library for Arduino ver.2』というタイトルがある。この記事の中に zip ファイルをダウンロードできる箇所があるのでクリックする。ライブラリのイン

---

4) http://kondo-robot.com/

ポート方法は、ダウンロードしたフォルダ内にある取扱説明書を参照する。SoftSerialを使用する場合、HardSerialに基本となるクラスがあるため、そちらもインポートする。また、Arduino Unoの標準のSoftSerialは、パリティの設定がなく115200bpsの通信も不安定なため、SoftSerialをカスタマイズした「KoCustomSoftSerial」も公開しているので、そちらもインポートしてほしい。

4-6-5 サンプルプログラム

ライブラリと一緒にサンプルプログラムが用意されている。ここでは、setPos()を使用したサンプルを解説する。なお、このサンプルはソフトウェアシリアルを使用したサンプルである。ハードウェアシリアルを使用する場合は、別にサンプルプログラムを用意している。基本的な使用方法は同じだが、最初に準備する内容が異なる。

リスト4-1　Sample : KrsServo1

```
#include <IcsSoftSerialClass.h>

const byte S_RX_PIN = 8;
const byte S_TX_PIN = 9;

const byte EN_PIN = 2;
const long BAUDRATE = 115200;
const int TIMEOUT = 200;

IcsSoftSerialClass krs(S_RX_PIN,S_TX_PIN,EN_PIN,BAUDRATE,TIMEOUT);   //IcsClassの定義、softSerial版

void setup() {

  krs.begin();   //サーボモータの通信初期設定

}

void loop() {
    krs.setPos(0,7500);         //位置指令   ID:0サーボを7500へ  中央
    delay(500);                 //0.5秒待つ
    krs.setPos(0,9500);         //位置指令   ID:0サーボを9500へ  右
    delay(500);                 //0.5秒待つ
    krs.setPos(0,7500);         //位置指令   ID:0サーボを7500へ  中央
    delay(500);                 //0.5秒待つ
```

```
    krs.setPos(0,5500);         //位置指令   ID:0サーボを5500へ  左
    delay(500);                 //0.5秒待つ
    krs.setPos(0,7500);         //位置指令   ID:0サーボを7500へ  中央
    delay(500);                 //0.5秒待つ
}
```

このサンプルプログラムでは、ID0 のサーボが左右に動作するプログラムを記述している。以下より1行ずつ解説する。

```
#include <IcsSoftSerialClass.h>
```

ソフトウェアシリアル用の、ICS サーボを動作するための記述が書かれたヘッダファイルを宣言する。

```
const byte S_RX_PIN = 8;
const byte S_TX_PIN = 9;

const byte EN_PIN = 2;
```

使用する端子番号を宣言している。Rx（受信）は、デジタル I/O の 8 番ピン、Tx（送信）は 9 番ピンを使用している。EN_PIN は、送受信の切り替えに使用する端子である。これはデジタル I/O の 2 番ピンを指定した。

```
const long BAUDRATE = 115200;
```

BAUDRATE は、ソフトウェアシリアルで通信するときの ICS 機器との通信速度である。ここでは、115200bps を指定している。KRS サーボは最大 1.25Mbps の通信が可能だが、Arduino Uno は 1.25Mbps に対応していないため 115200bps 以外は指定できない。

```
const int TIMEOUT = 200;
```

TIMEOUT は、ICS 機器から返信データが返ってくるまでの待ち時間だ。ここでは 200ms（0.2 秒）

待つように設定している。

```
IcsSoftSerialClass krs(S_RX_PIN,S_TX_PIN,EN_PIN,BAUDRATE,TIMEOUT);
```

これらの設定を基に使えるように実体化（オブジェクトを生成）をする。（オブジェクトの概念等はほかの資料を参照する）。オブジェクトの名前は、"krs"としているが、他の名前も指定できる。以下のsetPos( )やbegin( )の前にkrs.と記述しているが、これはIcsSoftSerialClassのオブジェクト名である。

```
void setup() {

  krs.begin();   //サーボモータの通信初期設定

}
```

krs.begin();は、ICS機器との通信を初期設定し、通信の準備をするための関数である。一度実行すればよいため、setup( )に記述している。

```
void loop() {
    krs.setPos(0,7500);         //位置指令  ID:0サーボを7500へ 中央
    delay(500);                 //0.5秒待つ
```

メインループ内でサーボに角度を指定するsetPos( )を記述する。( )内の最初の0がサーボのID番号である。この番号を変更することで、どのサーボに指令するかを指定することができる。7500は、角度に当たるポジションデータだ。7500は、ニュートラル位置（サーボの動作角の原点）である。ここではまずニュートラル位置に移動するように指示している。このsetPos( )を並べることで、サーボに対して順番に角度を指定できる。

delay( )は何もせずに待つ関数で、ArduinoのIDEに標準で実装されている関数である。パラメータ1で1msを指定でき、ここでは500ms待機する。

以上でこのサンプルプログラムの解説を終了するが、setPos( )をsetStrc( )に変更すればストレッチを設定でき、getPos( )を使い変数に代入すれば現在値を取得できる。サーボに対して一命令で指示を送れるので、ぜひこのライブラリを利用していただきたい。

4-6-6　ICSのコマンドについて

setPos( )関数内でどのような処理が行われているのかを解説するが、その前にICSのコマンドを解説する。詳細についてはコマンドリファレンスに書かれているので参考にしていただきたい。

● コマンドヘッダ

ICS機器と通信するためのコマンドを送るが、必ず最初に送るのがコマンドヘッダである。コマンドヘッダの内容によって、4種類の命令を送ることができる。コマンドは以下のようになっている。

表4-1　コマンドヘッダ

	CMD（1Byte）							
	コマンド			サーボID番号（ID1の場合）				
	7bit	6bit	5bit	4bit	3bit	2bit	1bit	0bit
ポジション	1	0	0	0	0	0	0	1
読み出し	1	0	1	0	0	0	0	1
書き込み	1	1	0	0	0	0	0	1
ID	1	1	1	0	0	0	0	1

- ポジション：サーボの回転角度を指定する
- 読み出し：サーボのスピードやストレッチなどパラメータの設定値を読み出す
- 書き込み：設定したいパラメータの値をサーボに書き込む
- ID：IDの読み出しや書き込みを行う

コマンドとサーボのID番号を組み合わせて最初の1Byte目としている。IDは0～31（5bit分）まで指定できる。サーボを使用する場合は、IDコマンドやサーボマネージャを使用してあらかじめサーボなどICS機器にID番号を割り振っておく。サーボを制御するときは、このIDを含めたコマンドを送信することで個別に命令を送ることができる。

なお、受信機KRR-5FHは、ID31が固定値となっている。

● ポジションコマンド

ポジションコマンドは、サーボの角度（ポジション）を指定するコマンドである。コマンドヘッダの次に角度を指定するポジションデータを2Byteに分割して送信する。ポジションデータは、3500～11500の範囲で指定できる。ニュートラル位置（サーボの中心）が7500であるため、±4000ずつの範囲になる。KRSシリーズは、共通して動作範囲270°（±135°）であるため、左右135°を4000の

値に分割してポジションデータの送信が可能だが、サーボに搭載している角度センサの分解能により実際とは異なる。ポジションデータを 0 にすると脱力したフリーの状態になる。

ポジションデータを 2Byte に分割する方法は、下記のとおりである。

TX	1	2	3
	CMD	POS_H	POS_L

CMD ポジション設定コマンド
POS_H/POSL サーボの設定舵角

RX	1	2	3	4	5	6
	送信コマンドのループバック			R_CMD	TCH_H	TCH_L

TCH_H/TCH_L 現在のサーボの角度

図 4-26　ポジションコマンド

例）ポジションデータ 7500 の場合
7500 = 0b0001 1101 0100 1100（0b[00][011101_0][1001100]）となるため、
POS_H = 0b000111010 = 0x3A
POS_L = 0b01001100 = 0x4C となる。

※ ICS の仕様として、コマンドヘッダ以外は最上位 bit を 0 にする必要があるため、ポジションデータは 7bit ずつに分ける必要がある。

　サーボにコマンドを送信すると、サーボが命令を受信した時点の現在の角度が返ってくる。返り値も同様に 2Byte（7bit ずつ）に分かれている。ICS3.5 では、これを利用して現在値を取得することができる。また、ICS3.6 では現在値を取得するための専用コマンドを用意したため便利になっている。

● 読み出し／書き込みコマンド

　サーボのパラメータを変更する、「読み出し」「書き込み」機能には、サブコマンドを使用する。このサブコマンドで、どのパラメータにアクセスするかを指定する。よく使用するスピードやストレッチは独立して存在し、その他のパラメータは EEPROM のデータをすべて読み出し、該当箇所を変更してすべて書き込みすることで設定変更を行う。また、前述のとおり ICS3.6 には現在値を取得する専用のコマンドがあるが、これもサブコマンド内に含まれる。

4-6-7　setPos( ) 関数の処理

　setPos( ) 関数内では、各パラメータを基にコマンドを生成しサーボに送信している。また、サーボに送信した直後にサーボから返事が返ってくるため、これを受信するために待機している。setPos( ) 関数をプログラムにすると以下のようになる。

リスト 4-2　setPos( ) 関数

```
int IcsBaseClass::setPos(byte id, unsigned int pos)
{
  byte txCmd[3];
  byte rxCmd[3];
  unsigned int rePos;
  bool flg;


  if ((id != idMax(id)) || ( ! maxMin(MAX_POS, MIN_POS, pos)) ) //範囲外のとき
  {
    return ICS_FALSE;
  }

  txCmd[0] = 0x80 + id;              // CMD
  txCmd[1] = ((pos >> 7) & 0x007F);  // POS_H
  txCmd[2] = (pos & 0x007F);         // POS_L

  //送受信
  flg = synchronize(txCmd, sizeof txCmd, rxCmd, sizeof rxCmd);
  if (flg == false)
  {
    return ICS_FALSE;
  }

  rePos = ((rxCmd[1] << 7) & 0x3F80) + (rxCmd[2] & 0x007F);

  return rePos;

}
```

関数内の処理について項目ごとに解説する。

```
if ((id != idMax(id)) || ( ! maxMin(MAX_POS, MIN_POS, pos)) ) //範囲外のとき
{
    return ICS_FALSE;
}
```

引数で受け取った値が、サーボの設定範囲内かを確認する。ID 番号は、0 ～ 31、ポジションデータは、3500 ～ 11500 が範囲内なので、この数値から外れている場合は、誤動作をしないように何も処理せずに「ICS_FALSE（エラー値）」を返す処理をしている。

```
txCmd[0] = 0x80 + id;              // CMD
txCmd[1] = ((pos >> 7) & 0x007F);  // POS_H
txCmd[2] = (pos & 0x007F);         // POS_L
```

ここでは、コマンドの仕様通りに 1Byte ずつ数値を代入する。1Byte 目の 0x80 は、コマンドヘッダの何を命令するかを指定している。16 進数で 0x80 としているが、2 進数に変更すると 0b10000000 となる。前述した「コマンドヘッダ」に掲載しているリストを参照するとポジションコマンドの 5 ～ 7bit は「100」となっている。もし、データの読み出しをしたいのであれば 0xA0（0b10100000）に変更すればよいし、書き込みだったら 0xC0（0b11000000）とすれば書き込みができる。これに ID 番号を加えてコマンドヘッダとしている。

ポジションデータについては前述を参照してほしい。

プログラムで記述すると、ポジションデータの上位バイト（2byte 目）は、pos >> 7 で、ポジションデータの先頭 7bit を右にシフトしている。例えば、ポジションデータが 8000 だったとして、2 進数にすると 0b1111101000000 となる。これを 7bit 右にシフトすると、0b111110 となるため、ポジションデータの半分にすることができる。シフトであいたデータに余分な数値が入らないように 0x007F(0b01111111) でマスクをかけ 7bit 以外を 0 にする。

3Byte 目は、ポジションデータをそのまま 0x007F でマスクして半分のデータ 0b1000000 にしている。以上で、送信コマンドが完成した。

```
flg = synchronize(txCmd, sizeof txCmd, rxCmd, sizeof rxCmd);
if (flg == false)
{
  return ICS_FALSE;
}
```

synchronize( ) は、コマンドを代入した配列のデータを送信、受信するための関数である。内部では、Arduino のソフトウェアシリアルの仕様に合わせた処理を行っている。また、指定した ID のサーボが接続されていないことや破損しているなどでサーボから返事がこない場合のタイムアウトの処理もここで行っている。タイムアウトの閾値を超えても返事がない場合やデータが壊れている場合は、false が戻り値として受け取れるため、この場合は以下の処理を行わずに setPos( ) を終了するように

記述している。

　sizeofは、C言語およびC++に標準で用意されている機能で、メモリを確保しているバイト数を返す。今回は、byte型の配列のため配列で確保した数になる。txCmd（送信データ）、rxCmd（受信データ）はともに3Byteであるため、synchronize()に対しては引数3として渡される。

　サーボからの返事はrxCmdに代入される。このデータの内部は、送信したコマンドと同じように返信用のコマンドヘッダと2つに分かれたポジションデータが代入される。2つに分かれたこのポジションデータをプログラムで記述すると、下記のようになる。

```
rePos = ((rxCmd[1] << 7) & 0x3F80) + (rxCmd[2] & 0x007F);
```

送信データで2つに分けたのと逆の処理で1つのデータを作成している。

```
    return rePos;
```

　最後に、1つにしたポジションデータを戻り値にして処理は終了する。これが、サーボがコマンドを受け取ったときの現在値となる。

　以上の処理を行うことでサーボのポジションを指示することができる。また、コマンドの値を変えることで、ICSのすべての機能を使用可能である。これは、Arduinoに限らず、市販のマイコンボードやPCからも同じ処理なので、機器に合ったシリアル通信の機能で送受信を実装するのみとなる。コマンドを送受信するときは、ICS機器に設定されている通信速度に合わせることに注意してほしい。

　また、パリティ、スタートビット、ストップビットの設定も行うこと。ICSの通信規格は、パリティは偶数、スタートビット、ストップビットは1bitに設定する。これらの設定は、ライブラリのbegin()関数内で処理している。

4-6-8　プログラムの実行

　Arduinoにプログラムを書き込み一度USBを抜く。電源スイッチハーネスの電源をONにしたあとサーボが0.5秒ごとに左右に動けば成功である。ライブラリには、他にもサンプルプログラムが実装されているのでぜひ試していただきたい。また、近藤科学のロボットに搭載されているRCB-4と通信するためのライブラリを公開した。RCB-4変換基板と組み合わせることでArduinoからRCB-4に登録してあるモーションを再生することができ、多足のロボットを制御するのに非常に便利だ。こちらにもぜひ注目していただきたい。

4-7　Arduinoで双葉電子工業のサーボを動かす（制御／情報取得）

本節では、双葉電子工業のコマンド方式サーボをArduinoで動かすための方法を説明する。

4-7-1　Arduinoで何ができるのか

Arduinoのシリアル通信機能を使えば、パソコンなしでもサーボ制御・設定・データ取得ができる。シリアル通信では下記のメリットがある。

- 1ポートで数十台のサーボを同時に動かすことが可能
- 角度・温度等、サーボの情報を取得することが可能

4-7-2　何をするのか

コマンド方式サーボで、制御・パラメータ設定・データ取得等を行う場合、すべて同じパケット構造なので、以降で説明する内容をマスターすれば、パラメータ番号やデータを変更するだけで、コマンド方式のすべての機能を使用することが可能である。

まず、Arduinoとサーボをどのように接続すればよいかを説明する。次に、指定した角度に指定した時間で辿り着く動作が、簡単なコマンドで実現できることを確認する。最後に、サーボのトルクをOFFした状態で、角度データを取得する。

以降で説明するスケッチは、双葉電子工業のホームページからダウンロード可能なので、ぜひお試しいただきたい[5]。

4-7-3　Arduinoとサーボの接続方法

Arduinoとサーボの間に、ICを1個と受動部品（抵抗・キャパシタ）を数個入れればよい。このICは、シリアルデータの送信と受信を1本（もしくは1ペア）の信号線で実現するために使用する。RS485タイプ、TTLタイプそれぞれの接続方法を図4-27に示す。

---

[5] Arduinoサンプルプログラム：http://www.futaba.co.jp/robot/download/sample_programs

● TTLタイプ接続方法

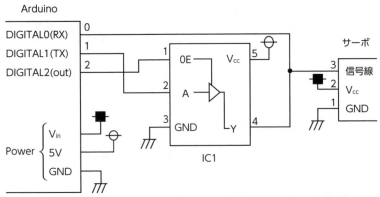

● RS485タイプ接続方法

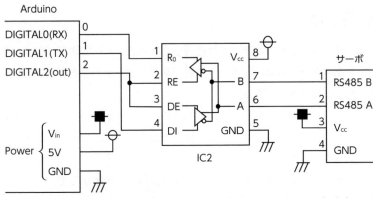

図 4-27 Arduino とサーボの接続方法

　Arduino で使用するポートは、Arduino Uno REV3 の場合、デジタルピン 0（RX）、デジタルピン 1（TX）、デジタルピン 2（OUTPUT）と電源関係のピンである。デジタルピン 2 は、1 本の信号線でデータの送信と受信を切り替えるために使用する。

　使用する IC は、それぞれ図 4-27 内で示した部品となる。この IC であれば動作確認済みだが、同じ機能の IC であれば違うメーカー・パッケージでも問題ない。どちらも一般的な IC で、様々な半導体メーカーから販売されている。

　Arduino とサーボは、共通の電源で動作する。乾電池を使用する場合、サーボが動作したときに電圧が急激に落ちてしまい、うまく動作しない可能性がある。その場合はリチウムポリマーバッテリーなどの強力な電池を使用することをお勧めする。

　なお、プログラムを書き込む際は、デジタルピン 0（RX）、デジタルピン 1（TX）と電源を抜いて、

USBケーブルを差し込む必要がある。

4-7-4　サーボを動かしてみる

電源を入れると、2秒ごとに30度→−30度と交互に動くようにしてみる。この際、今いる位置から1秒かけて目標位置へ移動する時間指定も入れた。

実際の動作指令はloop関数内に記述した（リスト4-3）。Moveという関数で、サーボのID、目標位置、移動時間を指定している。ID=1、目標位置30.0度、移動時間1秒の場合、`Move (1,300,100);`となる。このパケットを送信すると、サーボ自身が1秒数えながら30度の位置へ移動する。Arduino側で1秒間の移動時間を管理する必要はない。

リスト4-3　サーボを交互に30度動作させるloop関数

```
void loop(){
    ～～　（中略）　～～
    while(1){
        Move(1,300,100);        // ID = 1 , GoalPosition = 30.0deg(300) , Time = 1.0sec(100)
        delay(2000);            // wait (2sec)
        Move(1,-300,100);       // ID = 1 , GoalPosition = -30.0deg(-300) , Time = 1.0sec(100)
        delay(2000);            // wait (2sec)
    }
}
```

Move関数では、パケットデータの生成と送信を行っている（リスト4-4）。4byte目の`TxData[4] = 0x1E;`でメモリマップのアドレスを指定しており、"0x1E"はサーボの目標位置を表している。実際にシリアルデータを送信する前に、`digitalWrite(REDE, HIGH);`でデジタルピン2の出力をHIGHにし、信号線を送信に切り替える。

リスト4-4　サーボを動かすデータを送るMove関数

```
void Move (unsigned char ID, int Angle, int Speed){
    // パケットデータ生成
    ～～　（中略）　～～
    TxData[0] = 0xFA;                                       // Header
    ～～　（中略）　～～
```

```
    TxData[4] = 0x1E;                                    // Address
    TxData[5] = 0x04;                                    // Length
    TxData[6] = 0x01;                                    // Count
    TxData[7] = (unsigned char)0x00FF & Angle;           // Low byte
    TxData[8] = (unsigned char)0x00FF & (Angle >> 8);    // Hi  byte
~~ (中略) ~~

// パケットデータ送信
digitalWrite(REDE, HIGH);                                // 送信許可
for(int i=0; i<=11; i++){
    Serial.write(TxData[i]);
}
Serial.flush();                                          // データ送信完了待ち
digitalWrite(REDE, LOW);                                 // 送信禁止
}
```

上記プログラムを書き込み、実際に動かしてみた様子を図4-28に示す。写真左の0度の位置から写真右の+30度の位置に、1秒で移動している。

図4-28 サーボが動作する様子

4-7-5　サーボの角度データを取得してみる

2台のサーボを接続し、脱力している1番のサーボを手で動かすと、2番も同じ動作をするようにしてみる。

こちらも実際の動作指令はloop関数内に記述した（リスト4-5）。ReadAngleという関数で、1番のサーボへ角度情報を送信するよう要求する。WaitReadAngle関数の戻り値は1番のサーボの角度データで、そのまま2番のサーボの目標位置としている。

4-7 Arduinoで双葉電子工業のサーボを動かす（制御／情報取得）

リスト4-5 1番の角度情報を取得し、2番に同じ動作をさせるloop関数

```
void loop(){
    ～～ （中略） ～～
    while(1){
        ReadAngle(1);            // ID = 1
        Move(2,WaitReadAngle(),0); // ID = 2 , GoalPosition = Angle(ID=1) , Time = 0sec
        delay(50);               // wait (0.05sec)
    }
}
```

ReadAngle関数の中身は、ほとんどMove関数と変わらない（リスト4-6）。3byte目の`TxData[3] = 0x0F;`が、サーボへ返信を要求するフラグとなっている。要求するデータは、4byte目の`TxData[4] = 0x2A;`でメモリマップのアドレスを指定しており、"0x2A"はサーボの現在位置を表している。

リスト4-6 サーボへ角度データを要求するReadAngle関数

```
void ReadAngle (unsigned char ID){
    // パケットデータ生成
    ～～ （中略） ～～
    TxData[3] = 0x0F;     // Flags
    TxData[4] = 0x2A;     // Address
    ～～ （中略） ～～

    // パケットデータ送信
～～ （中略） ～～
}
```

上記プログラムを書き込み、実際に動かしてみた様子を図4-29に示す。1番を手で動かすと、2番も同じ角度に動いている。

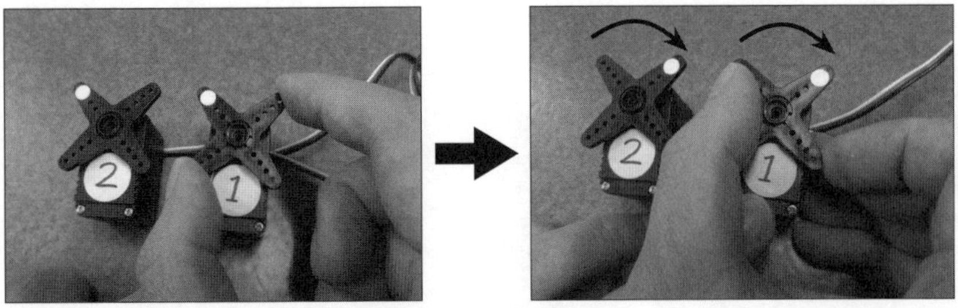

図4-29 2番のサーボが1番のサーボの真似をする様子

4-7-6 他にはどんなことができるのか

今回は触れなかったが、パラメータ設定もMove関数と同じ書式で設定できる。例えばコンプライアンススロープ（アドレス：0x1A）を変えることで、バネのような動作になる。データ取得では、位置以外にも負荷（アドレス：0x30）・温度（アドレス：0x32）等も読み出すことができる。

4-8 DynamixelをArduinoで制御する

各社のサーボモータに適合するI/FはArduinoには装備されていない。先に紹介したI/Fを自作するか、既製品を使用して手っ取り早く繋ぐ方法の2種類があるが、ここでは既製品のDXSHIELDによるDynamixelのサーボとの接続方法を紹介する。

4-8-1 DXSHIELD

ArduinoのUSARTをTTLとRS-485 I/FのドライバICを介してDynamixelに接続するためのシールドで、Arduino Unoに対応した形状となっている。

4-8 Dynamixel を Arduino で制御する

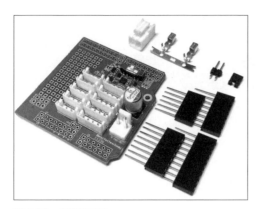

図 4-30　DXSHIELD

　4-4-6 項で解説した Arduino の各シリアルポートを踏まえたスライドスイッチが設けられているのと、Arduino 側から意図的にドライバ IC のバスの切り替えを行う必要がないので、スケッチではタイミングを意識せずに単純にパケットの送受信を行うだけで済むものである。さらに、異なる 2 種類の I/F を同時に使用できるのが便利である。各 I/F に信号を変換する回路を抜き出して紹介する。

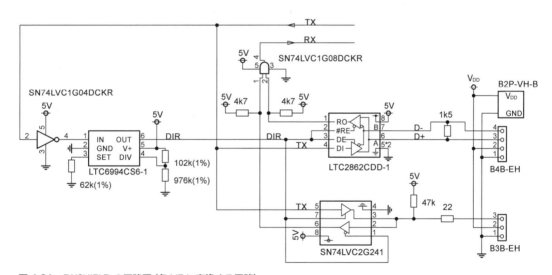

図 4-31　DXSHIELD の回路図（各 I/F に変換する回路）

　本来 Arduino Uno 用のシールドではあるが、ジャンパ線を用いれば Arduino Mega2560 がもつ複数の USART を活用することもできる。

105

4章 Arduinoによるサーボ制御

図 4-32 Arduino Mega2560 と接続

なお、DXSHIELDにはサーボモータ用のコネクタとしてDynamixel Xシリーズ向けのJST EHコネクタが装備されているが、各社サーボモータのI/Fとは電気的に互換性があるため、変換ケーブルを自作することで対応させることができる。

4-8-2　DXSHIELD用のArduinoライブラリ

サーボモータの通信プロトコルに合わせた通信を行うプログラムを作成するのだが、ひとまず簡単な動作確認を行うにしてもパケット構造に一縷のミスがあるだけで一切の通信が成立しない。黎明期であればその部分で悩んでもよかったのだろうが、すでに動いてナンボのご時世ではそれもなかなか許容しにくい。そこで、DXSHIELDでは各社のサーボモータ向けに通信プロトコルそのものを直接的に意識せずにある程度抽象的に利用するためのライブラリがあらかじめ用意されている。一部のサーボモータを除き、大抵はID・アドレス・データをパケットに含めて通信することから、ライブラリのAPIにおいてそれらを引数としてアクセスする。

参考としてDynamixel用のライブラリdxlibに含まれるdx2lib.hの一部を抜粋する。

リスト 4-7　dx2lib.h（一部）

```
DX2LIB (bool ss, HardwareSerial *hws = &Serial, uint8_t rxpin = 8, uint8_t txpin = 9);
bool ReadByteData (uint8_t id, uint16_t addr, uint8_t *data, uint8_t *err);
bool ReadWordData (uint8_t id, uint16_t addr, uint16_t *data, uint8_t *err);
bool ReadLongData (uint8_t id, uint16_t addr, uint32_t *data, uint8_t *err);
bool WriteByteData (uint8_t id, uint16_t addr, uint8_t data, uint8_t *err);
bool WriteWordData (uint8_t id, uint16_t addr, uint16_t data, uint8_t *err);
bool WriteLongData (uint8_t id, uint16_t addr, uint32_t data, uint8_t *err);
```

アイテムのデータサイズに応じて任意のデータを読み書きするためのAPIが用意されており、例えばID=1のDynamixel XM430-W250-RのGoal Position（アドレス116）へ1234を書き込む処理はこの1行で済む。

```
dxif.WriteLongData (1, 116, 1234, NULL);
```

なお、メモリの制約が大きいArduino用ということもあり、同名のPC用の通信ライブラリに比べるとAPIの種類は少なくなっている。もっとプロトコルを活用したい場合でも、ライブラリのソースはさほど大きいものでもないので、拡張するのは難しくはないだろう。

5章 ロボットアームを作ろう

ロボットアームは多関節ロボットの基本である。本章では低価格で簡単に作れる3軸のロボットアームを作ってROBO-剣の遠隔操縦部門に参加するために必要な技術を紹介する。

5-1　ロボットの構造

ROBO-剣に参加することを前提に、必要最低限の構成でロボットを考えてみた（図 5-1）。軸数は 3 軸で、1 章で述べた 3 自由度のロボットアームを低価格で実現したものである。

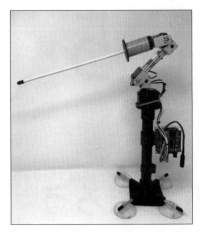

図 5-1　3 軸ロボットアーム

実際に参加するためには、さらに青い胴と赤い面を着ける必要がある。またカメラの設置も必要である。これらについては後述するとして、まず簡単にサーボとその制御系の構成を説明する。

5-1-1　サーボ

このロボットアームには、図 5-2 の PWM 方式のサーボを 3 個使用した。

今回使用したのは、中国製の PWM サーボである。ブラケットも付属しており、日本製、韓国製より安価で入手できる。入門用として手軽に使えるのではないかと考え、採用した。

5-1 ロボットの構造

図 5-2 サーボ

また、このサーボは図 5-2 にあるように、ブラケットが付属しているので組立ては簡単である。取付け加工だけは必要なので以下に解説する。これは、図 5-1 の垂直軸の部分である。

1　サーボブラケットの加工

　　写真の①、②のように 3mm のねじ加工を行う。サーボに干渉しない位置であればよい。

図 5-3 サーボブラケットの加工

2　フランジの加工

　　サーボブラケットの加工位置に合うように、フランジにも加工を行う。3.5mm の穴を 2 ヵ所(図 5-4 の②、③) と、補助のサーボホーン取付け部の穴サイズと合うように追加工 (図 5-4 の①) しておく。

5章 ロボットアームを作ろう

図 5-4 フランジの加工

3　組立て

　加工をしたサーボブラケットとフランジを組み合わせる。フランジの、加工した 3 ヵ所を 3mm のビスで留めれば、図 5-5 のように組み上がる。

図 5-5 サーボブラケットとフランジを組み合わせる

　あとは図 5-1 の構成になるように組み上げていけばよい。胴の部分はディスタンスカラーを使うより、軽いブナの木で、φ30mm×50mm の円柱を使うのもよい。強度を考慮し、工夫して欲しい。
　ロボットアームを固定する台の部分と、竹刀と小手については後述する。

5-1-2　Arduino Uno ボードとサーボ接続

　ここでは Arduino Uno ボードを使用した。Arduino Uno ではデジタル出力の 3、5、6、9、10、11 の 6 個のピンが PWM に利用できる。そこで、このデジタル出力のピンをすべて I/O シールドを経由して、電源を別配線するためのボードを追加した。これにより、将来サーボを増設して、6 軸のロボットアームを製作することも可能である。この回路は簡単なものである。
　ただし、ROBO-剣専用ボードとするのであれば、I/O シールドは不要で直接各端子に接続してもよ

い。また Arduino Nano ボードを使用するとコンパクトにまとまる。

図 5-6 Arduino Uno に I/O シールドを追加

図 5-7 Arduino Nano を使用した場合

配線図は図 5-8 に示す。今回使用するサーボでは大きな電流が流れるので、太めの電源ケーブルを接続した。

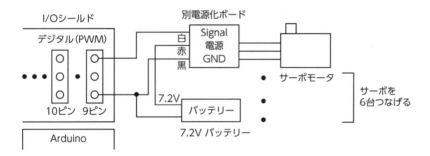

図 5-8 サーボを 6 個繋げる回路図

5-2　ROBO-剣用スケッチ

ロボットが完成したら、ロボット動かすためのプログラムを作成する。ROBO-剣の場合、面や小手などの目標に向かって竹刀を振り下ろすという動きを作成する。

まずロボットアームの先端の座標を求めるスケッチを描く。すでに 1 章のリスト 1-2 でコードを紹介しているので、Arduino IDE で実行すればよい。図 5-9 の Ik( ) が逆運動学ルーチンである。これでロボットアームの先端をどこに持って行きたいかを指示すれば、各関節の角度をこの関数が返してくれる。

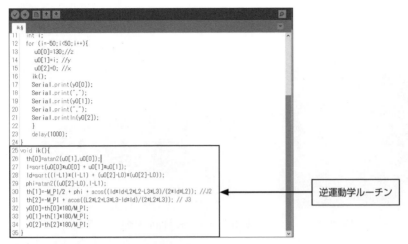

図 5-9 ロボットアームの先端の座標を求めるスケッチ

面を打つスケッチ

次に面を打つ動作を考えてみよう。カメラを使った画像処理などで相手の面は x、y、z 座標のどこにあるかがわかれば、まず竹刀を振り上げる。続いて相手の面座標へロボットアームの先端を持って行けばよい。動作としては以下のような流れになる。

1. 正面に構え、指令を待つ
2. 竹刀を振り上げる。サーボの移動時間を待つ（座標を指定してもサーボの最大角速度より速く動けないので、適切な待ち時間を入れる。この時間はサーボのモータトルク、ギア比、バッテリー電圧、サーボが動かすべき部分の重量などによって異なるので、何回か動かして決定する）
3. 相手の面の座標へ移動する（誤差もあるので面に当たるよう余裕を持った座標を設定する）
4. 正面の構えに戻る

他の攻撃も同じパターンである。突きは先端が面に突き刺す方向に、胴は横から打つ形に、小手は面と同様振り落とす形になる。

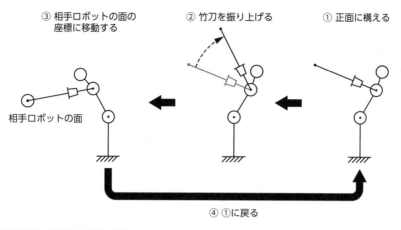

図 5-10 面を打つ動作の流れ

　サーボでA点からB点に移動させるには色々な方法がある。上で述べたのは、A点でB点の角度に行けとだけ指令する方法である。これは、最も簡単で速くB点に到達する。ただし、負荷が大きい場合はサーボが壊れることもある。図 5-11 は面を打つスケッチで、今回は速度を優先した。
　また、2点間を加速、減速する方法もある。サイン関数を使えば、サインカーブに従って加速、減速をする。重いものを動かすときなどはこれを使ってみるとよい。7章ではこの手法を使っている。

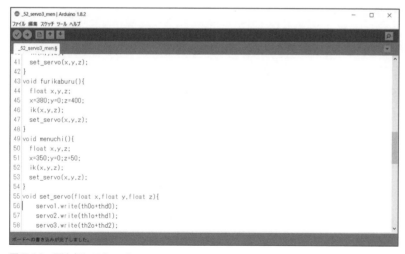

図 5-11 面を打つスケッチ

　面を打つスケッチはオーム社ホームページよりダウンロードできる。

5-3 ROBO-剣の遠隔操縦部門に参加しよう

ROBO-剣の遠隔操縦部門に参加するには、図 5-12 のようなシステムを構築するとよい。遠隔操縦といいながら直接ロボットを見ることができないだけで、USB や LAN ケーブルでロボットと PC が繋がるのは許されている。将来は無線 LAN などに移行するであろう。

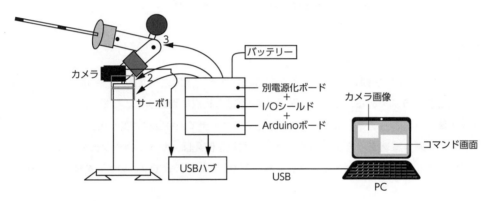

図 5-12 ROBO-剣の遠隔操縦部門用のシステム

遠隔操縦部門は画像処理までしなくても参加できる。Windows 標準ソフト「カメラ」を起動しておけば、ロボットに搭載しているカメラからの映像で、相手の様子を見ることができる。もちろん OpenCV などを使って画像処理を行うのが次の目標だ。

操縦の際には、PC からロボットにコマンドを送って動かす。Arduino からシリアル通信でコマンドを送るには Serial.read( ) コマンドを使う。そのスケッチは図 5-13 のとおりである。

図 5-13 Arduino からシリアル通信でコマンドを送る

モニター画面上部から a を入力し改行すると、このスケッチは a をモニターに出力してくれる。

図 5-14 入力された「a」がモニターに出力される

　これにより面、胴、突きなどのコマンドを、ロボットに送ることができる。MATLAB などと連携すれば自律ロボットに発展する。
　MATLAB を使った ROBO-剣用のサンプルプログラムは、ROBO-ONE の公式サイトで公開しているので、そちらを参照願いたい（二足歩行ロボット協会に入会をしなくても閲覧は可能）。特に参考

になるものについては二足歩行ロボット協会データベース（http://biped-robot.or.jp/dbreports/）にある「ROBO-剣講習会資料（2016.04.16）」のうち、以下の3点である。

- 講演2_roboone_serverについて_20160403.pdf
- 講演5_6_7_Simulink関連.zip
- 講演QA_GUIDE_sample.zip

5-4　最新競技規則対応

ROBO-剣の第6回大会より競技規則の改訂があったので、早速その規則に沿ってロボットを作ってみよう。これらのメカ的な変更は今後大きく変わることはない。安全面と試合の運営から決まったものである。

5-4-1　竹ひごを使った竹刀の製作

競技規則にある「竹刀：直径3mmの竹ひごで作成し、鍔面より長さ300mm以下で、安全に留意すること」に沿ったものを製作する。

竹ひごは3×360mm（10本入）が557円で購入できた（Amazonを利用）。加工も楽であり、材質としてもしなるので、サーボへのダメージも少なく良い材料だと考える。これに安全に留意して、ビニールキャップとチューブで先端の保護と固定をしたのが図5-15となる。

小手の部分は軽いブナの木のφ30mm×50mmの円柱を使う。また鍔の部分はアルミのφ50の円板を穴加工し、使用した。これらはホームセンターで簡単に購入できる。

ブナ円柱にはφ12の穴が開いており、竹刀はゴムリングと一緒に差し込み、支えることでさらに衝撃を緩和できる。

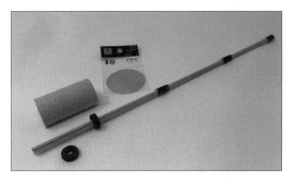

図 5-15　竹刀

5-4-2　吸盤により固定するスタンドの製作

　競技規則に「台は最大 300mm×300mm の正方形に入ること。吸盤により固定するものとする。」とあるように、ロボットを固定するスタンドは、吸盤により固定することが義務付けられた。そこで、規則に従い、簡単にスタンドを作成してみた。

　パイプと台など（図 5-16）と、6mm の硬質アルミパイプと φ 60mm の吸盤などを揃えた。これらもホームセンターで簡単に入手できるものである。

図 5-16　スタンドを構成する材料

　台の部分に 6mm の貫通穴をドリルで開け、パイプを通し、吸盤を取り付ければ、ロボットアームの固定スタンドが完成する（図 5-17）。このスタンドにロボットアームを固定すれば、ROBO-剣用ロボットが完成する（図 5-18）。

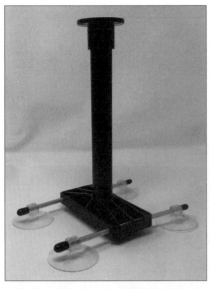
図 5-17 ロボットアームを固定するスタンド

図 5-18 ROBO-剣用ロボットが完成

5-4-3 ロボットとの接続を通信ケーブルのみにする方法

競技規則に「電源はロボットに搭載し、USB/LAN ケーブルなど通信に必要なもののみ接続できる。」とある。PC から USB 経由でロボットをコントロールする場合は、図 5-12 のように接続するとよい。この場合、Arduino ボードをロボットに搭載して、電源はロボットに搭載したバッテリーから供給できるシステムとしておく必要がある。ただ、今後、USB ポートは切り離されて、Wi-Fi、Bluetooth などの無線に移行する可能性が高いので、無線化にも対応しておくとよい。

ロボットの設置や接続をできるだけ簡単にし、すみやかに試合が開始できるとよい。また将来移動型のロボットに搭載することを想定して開発を進めておこう。

5-4-4 第 6 回優勝ロボット

図 5-19 は ROBOTIS のサーボを使い、5 軸のロボットアームを製作し、スタンドと小手、竹刀を装着したものである。後は色付きのテープなどを巻いて、規定にあわせて着色する。またバッテリーや USB-TTL シリアル変換器などはケースに入れ、ケーブルは相手の竹刀が引っ掛からないように配線を処理する。

ロボットアームの部分はサーボのメーカーがブラケットなども販売しているので、適切なものを選定して製作するとよい。また近藤科学の「KRArm-1」のように、ロボットアームアッセンブリーとして販売されているものもあるので、それを利用するのもよいだろう。

画像処理においては、カメラの取り付け位置が重要となる。対戦の障害にならないように取付位置を工夫して、ロボットを作ろう。

図 5-19 5軸のロボットアーム

図 5-19 のアームロボットをベースに、カメラを搭載したロボット「ヨッシー1号」が、図 5-20 である。このロボットは、第 6 回 ROBO-剣を制し優勝した。

図 5-20 第 6 回 ROBO-剣で優勝した「ヨッシー1号」

6章

色々な姿勢センサ

ROBO-ONEでは倒れても起き上がるロボットは珍しくない。これらはジャイロセンサや加速度センサといった、姿勢制御に関わるセンサを利用しているからだ。本章では様々な姿勢センサについて、特性なども含めて紹介する。

6-1　姿勢センサについて

　ROBO-ONEで多く使われている姿勢センサは、ジャイロセンサや加速度センサである。ジャイロセンサはロボットの角速度を知り、転倒を防止する制御を行っている。加速度センサは重力加速度から倒れていることを知り、自動的に起き上がるなど様々に活用されている。

　さらにはロボットの動的な姿勢を知るために便利な、ジャイロ・加速度・地磁気センサが一体となった9軸センサも低価格で発売され始めた。これによりロボットのロール、ピッチなどの姿勢をダイナミックに計算できる。またセンサチップにCPUが搭載されており、オイラー角やクォータニオンを算出してくれるものもある。

　かつてジャイロセンサはノイズやドリフトが多く補正が大変であった。近年はCPUやノイズフィルターを搭載したものも販売されており、その特性について調べてみたので紹介する。なお、本章で使用したサンプルプログラムは、オーム社のホームページよりダウンロードできる。ぜひ試していただきたい。

　そのほか、ROBO-ONEで使うセンサは、より安定したものを使いたいが、コストは抑えたいという方には、努力すれば使えるものも紹介しておこう。

　さて、一般に加速度センサの情報から、ロボットの姿勢（ピッチ、ロール）を計算することができる。

```
float roll = atan2(ay, az);
float pitch = atan2(-a○, sqrt (ay * ay + az * az));
```

　ここでa○、ay、azは加速度センサの○、y、z軸方向の値である。

　ただし、これは静止状態での話である。ロボットが移動するときの加速度が重力加速度に合成され、動的にはこの計算では正しい姿勢を求められない。また振動によるノイズも入る。これを分離することによって動的な状態でも正しいロボットの姿勢を求めることができる。

　また、ROBO-ONEにおいてはリングに対するロボットの角度をオイラー角として求めることが必要となる。このオイラー角を算出して出力してくれるセンサも低価格で販売され始めた。

　本章では特にジャイロセンサと加速度センサの特性を調べる。またオイラー角出力のものについてはオイラー角を比較し、特性を把握する。

> **Column**
>
> ### オイラー角とヨー、ピッチ、ロール
>
> 車や飛行機、ロボットなどで前後・左右・上下が決まっているとき、ヨーイング(yawing)は、上下を軸として回転することをいう。左右を軸にした回転がピッチング(pitching)、前後を軸にした回転がローリング(rolling)という。
>
> 二足歩行ロボットの場合は前後に倒れるのをピッチ、左右に倒れるのをロール、左右の旋回をヨーと呼ぶ。

6-2 LSM9DS1 9軸慣性計測ユニット

3軸の加速度センサと3軸のジャイロセンサ、3軸の地磁気センサを1つのチップにしたLSM9DS1を搭載した、9軸慣性計測ユニットピッチ変換済みモジュールがスイッチサイエンスより販売されている[1]。

図6-1のように4ピンのI/FはI^2Cであり、基板裏面のジャンパでI^2Cアドレスは変更できる。

図6-1 LSM9DS1 9軸慣性計測ユニット

---

1) https://www.switch-science.com/catalog/2734/

表 6-1　LSM9DS1 9 軸慣性計測ユニットの仕様

電源電圧	1.9 〜 3.6V	
測定レンジ	加速度	± 2/ ± 4/ ± 6/ ± 8/ ± 16g
	ジャイロセンサ	± 245/ ± 500/ ± 2000dps
	磁力センサ	± 4/ ± 8/ ± 12/ ± 16gauss
I/F	I²C（I²C アドレスは基板裏面のジャンパにより変更可能）	
その他	タップなどの運動検知機能搭載	
	割込タイミングをプログラム可能	
	低消費電力 (4.6mA@2.2V)	
	16 ビットデータ出力	
	温度センサ搭載	
	FIFO バッファ搭載	

　LSM9DS1 の仕様は表 6-1 のとおりで、電源電圧は 3.3V 仕様となっており、測定レンジも幅広い活用に対応している。

　図 6-2 に示すように、このボードでは LSM9DS1 の周辺回路が構成済みで、電源と SCL、SDA 端子を接続すれば動作する。ただし I²C からの取り込みや、その処理のプログラムは使用者が作成する必要がある。

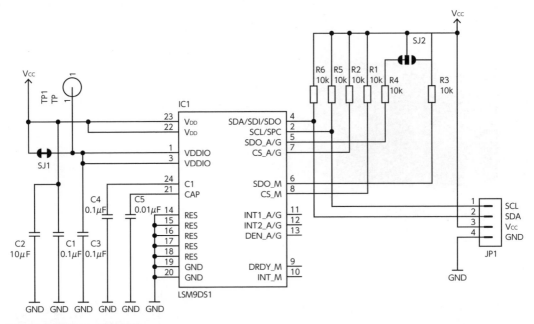

図 6-2　LSM9DS1 の周辺回路

LSM9DS1チップは図6-3のようになっており、ロボットに搭載する際は方向や回転方向に注意する必要がある。また搭載においては、二次的な振動や共振を避けるためゴムなどで振動対策しておくとよい。

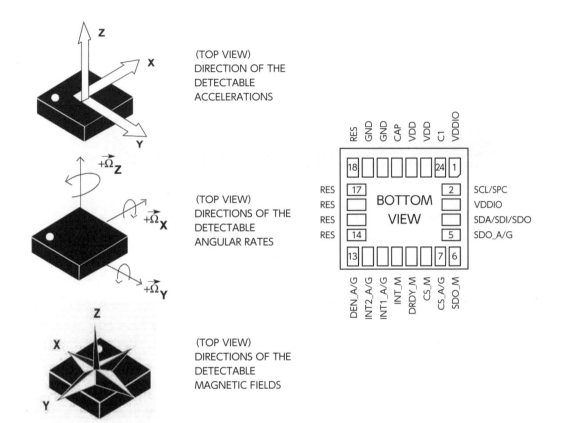

図6-3 LSM9DS1チップ（出典：STマイクロエレクトロニクス株式会社「LSM9DS1」データシート）

なおライブラリ等は以下のサイトよりダウンロードできる。

https://github.com/SWITCHSCIENCE/samplecodes/blob/master/LSM9DS1_breakout/LSM9DS1_breakout_sample_i2c/LSM9DS1_breakout_sample_i2c.ino

サンプルプログラムを使って、簡単にデータをプロットアウトしたのが図6-4のグラフである。

6章　色々な姿勢センサ

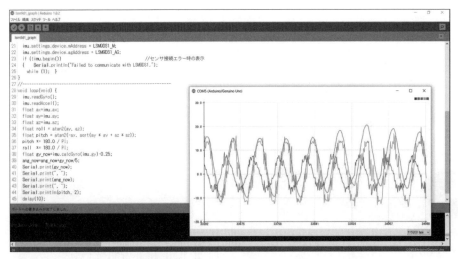

図 6-4　サンプルプログラムを使用したグラフ

このとき、ピッチ方向にサインカーブで1Hz程度、振幅は±20°でスイングしたものである。回転の中心にセンサを置くことで、回転方向以外の加速度成分は発生しないものとする。すなわち加速度センサには重力成分のみ加わっている。

この結果からわかるように、加速度から求めたピッチ角（緑）と角速度（青）を積分して求めたピッチ角（赤）はほぼ同期している。しかしながら角速度（青）を積分して求めたピッチ角（赤）は積分誤差によるドリフトがあることがわかる。これを除去するために、カルマンフィルタなど、様々なフィルタが考案され、使用されている。

図 6-5 は、ロボットの歩行の衝撃をイメージしてセンサを反応させたものである。加速度から求めたピッチ角（緑）に鋭いピークが現れている。一方角速度（青）を積分して求めたピッチ角（赤）は現れていない。すなわち動的にロボットの姿勢を測定するには、加速度センサでは困難であることがわかる。しかしジャイロセンサからではノイズが大きく、積分誤差によるドリフトが大きいことがわかる。

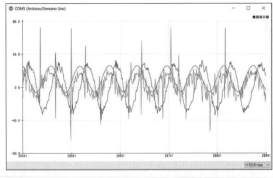

図 6-5　ロボットの歩行をイメージした衝撃の結果

6-3 MPU-6050搭載6軸センサモジュール

このセンサモジュールは、3軸の加速度センサと3軸のジャイロセンサを一体化させたMPU-6050を搭載し、周辺回路を構成したものである。

図6-6 MPU-6050搭載6軸センサモジュール GY521

ピン数は多いが、I²Cの接続なのでV_CC、GND、SCL、SDAをArduino Unoに接続すればよい。SCL、SDAは3KΩ程度の抵抗でプルアップしておくとよい。接続は図6-7のとおりである。

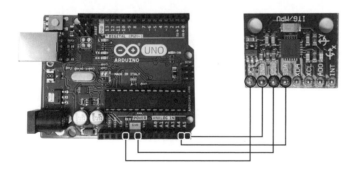

図6-7 Arduino Unoとの接続

MPU-6050チップは図6-8のようになっており、ロボットに搭載する際は方向に注意する必要がある。

6章 色々な姿勢センサ

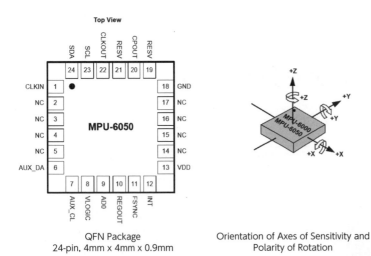

図 6-8 MPU-6050（出典：TDK Invensense「MPU-6000 and MPU-6050 Product Specification Revision 3.4」）

MPU-6050 は低価格でインターネット上に情報も多く、まず最初に勉強のつもりで使ってみるのもよい。例えば、Github から「MPU6050_DMP6.ino」のスケッチを入手してほしい。ダウンロード先は以下になる。

github.com/jrowberg/i2cdevlib/tree/master/Arduino/MPU6050/examples/MPU6050_DMP6

これを次のようにライブラリをインクルードして動かすことによって、姿勢データまで出力してくれる。

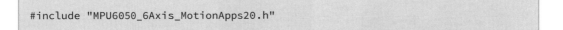
```
#include "MPU6050_6Axis_MotionApps20.h"
```

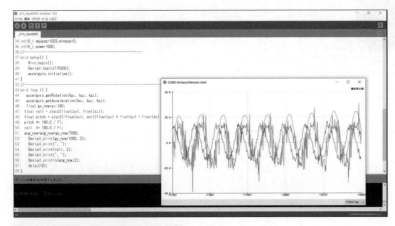

図 6-9 MPU6050_DMP6.ino の結果

ここでは前節と同様、加速度から求めたピッチ角（赤）と角速度（青）を積分して求めたピッチ角（緑）をグラフ化した（図6-9）。両者はほぼ同期している。しかしながら角速度（青）を積分して求めたピッチ角（緑）は積分誤差によるドリフトがあることがわかる。

図6-10は前節同様、ロボットの歩行の衝撃をイメージしてセンサを反応させたものである。加速度から求めたピッチ角（赤）に鋭いピークが現れている。一方角速度（青）を積分して求めたピッチ角（赤）は現れていない。

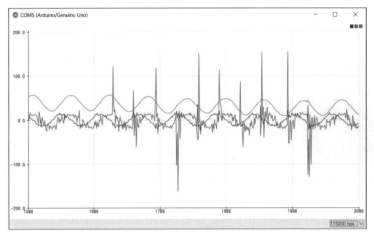

図6-10 ロボットの歩行をイメージしてMPU-6050を反応させた結果

Column

カルマンフィルタ

制御の世界では機械の出力から状態を推定する技術をオブザーバという。その中でよく使われるカルマンフィルタは、センサの測定値やノイズを踏まえた上で誤差の期待値が最も小さくなるように状態を推定する技術である。

6-4 MPU-9250 搭載 9軸センサモジュール

このセンサモジュールは、3軸の加速度センサと3軸のジャイロセンサおよび3軸地磁気センサを一体化した MPU-9250 を搭載し、周辺回路を構成したものである。

図 6-11 MPU-9250 搭載9軸ジャイロスコープ加速度計磁気センサモジュール

本センサモジュールも入出力ピン数は多いものの、I²C 接続では V_{CC}、GND、SCL、SDA の接続だけでよい。

本センサの情報は多い。以下の Kris Winer さんの Github に行けば、様々なサンプルスケッチが利用できる。

https://github.com/kriswiner/MPU9250

以下のクォータニオンフィルタを使用すれば、クォータニオン出力が得られる。

https://github.com/kriswiner/MPU9250/blob/master/quaternionFilters.ino

また以下よりデータシートが得られる。

https://store.invensense.com/datasheets/invensense/MPU9250REV1.0.pdf

MPU9250 は 6-3 節で紹介した MPU6050 に3軸地磁気センサを追加し、9軸センサとしたものである。一体化によってより信号精度や安定性を高めている。

MPU6050 と特性は同じようなので、前節同様の加速度から求めたピッチ角と角速度を積分して求めたピッチ角の比較は省略する。

6-5　BNO-055 センサモジュール

　本センサモジュールは、3軸の加速度センサと3軸のジャイロセンサおよび3軸地磁気センサを一体化した BNO-055 を搭載し、周辺回路を構成したものである。

図 6-12　BNO-055 センサモジュール GY-BNO-055

　本センサモジュールも入出力ピン数は多いものの、I²C 接続では V_{CC}、GND、SCL、SDA の接続だけでよく、必要に応じて他の端子を使用すればよい。後述するプログラムを使用する場合、AD0 端子をプルダウンしておく。

　なお、Arduino Mega と接続する場合は図 6-13 のようになる。

図 6-13　Arduino Mega との接続

　BNO-055 については以下より仕様書が入手できる。

```
https://cdn-shop.adafruit.com/datasheets/BST_BNO055_DS000_12.pdf
```

図 6-14 のとおり BNO-055 は 9 軸センサに加えて MPU（マイコン）を持っており、ここでフィルタリング処理を行いオイラー角やクォータニオンを計算出力している。

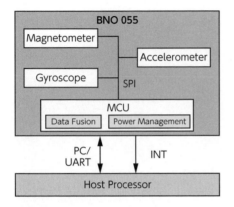

図 6-14 BNO-055 のブロック図

表 6-2 に示すとおり、9 軸それぞれのデータの取得とともにフュージョンモードがあり、ここでデータを組み合わせて計算を行っている。

表 6-2 BNO-055 の動作モード

動作モード		利用可能なセンサ信号			フュージョンデータ	
		加速度	地磁気	ジャイロ	相対的な向き	絶対的な向き
	コンフィグモード	-	-	-	-	-
非フュージョンモード	加速度	○	-	-	-	-
	地磁気	-	○	-	-	-
	ジャイロ	-	-	○	-	-
	加速度＋地磁気	○	○	-	-	-
	加速度＋ジャイロ	○	-	○	-	-
	地磁気＋ジャイロ	-	○	○	-	-
	AMG	○	○	○	-	-
フュージョンモード	IMU	○	-	○	○	-
	COMPASS	○	○	-	-	○
	M4G	○	○	-	○	-
	NDOF_FMC_OFF	○	○	○	-	○
	NDOF	○	○	○	-	○

前節と同様にグラフ化を行い、特性を見てみよう。ただしここではピッチはオイラー角（赤）を使ってみる。ジャイロ（青）を積分したピッチ角（赤）と比較するとほぼ重なっていて、ドリフトが少ない（図 6-15）。これはジャイロのノイズが少ないことを意味している。驚くほど安定している。ただし長時間ではドリフトが起こる。

またオイラー角に位相の遅れもなく小型ロボットにも十分使えるレベルである。

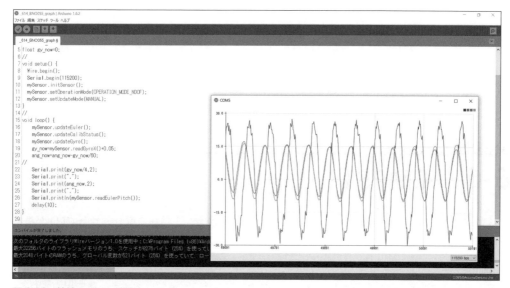

図 6-15　特性のテスト結果

小型ロボットでは振動周期が短いため、高速での評価を追加した。図 6-16 はスイング周期を 5Hz としたものである。

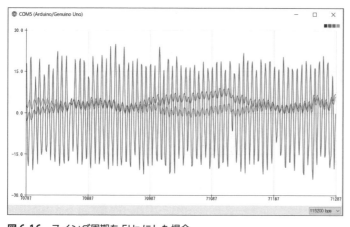

図 6-16　スイング周期を 5Hz にした場合

オイラー角（赤）およびジャイロ（青）を積分したピッチ角（赤）いずれもドリフトが発生していることがわかる。できるだけ機械的防振を施して使用することが望ましい。

> **Column**
>
> ### クォータニオン
>
> クォータニオンは四元数でスカラーと三次元のベクトルとの和として表す。
> 特に 3D グラフィクスやコンピュータビジョンにおいて三次元での回転計算に用いられる。また ROS（Robot Operation System）では普通に使われている。

6-6　CMPS11

CMPS11（図 6-17）は、3 軸磁気センサ、3 軸ジャイロセンサ、3 軸加速度センサと CPU が搭載されている。

CPU には 16 ビット PIC である PIC24FJ64GA002 が使用されており、ジャイロと加速度計を組み合わせて、ノイズや誤差を除去するカルマンフィルタの計算を行う。姿勢はオイラー角で出力される。

またシリアルと I^2C インタフェースの選択肢が提供されており、本書では I^2C で使用する。I^2C による接続は図 6-18 のとおりである。

図 6-17　CMPS11

図 6-18　I^2C による接続

Arduino Mega で使用する場合は図 6-19 のように接続するとよい。ここでは 5V 電源を供給している。また SDA、SCL 信号に対しては 1kΩ 程度のプルアップ抵抗を付ける。

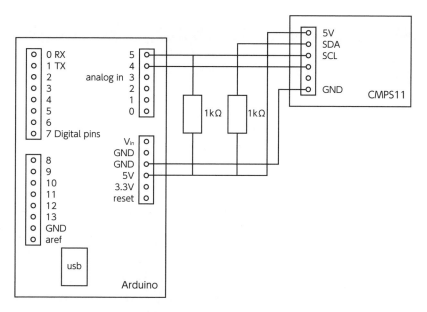

図 6-19 Arduino Mega との接続

　出力は表 6-3 の各レジスタに出力される。

　カルマンフィルタ処理後のピッチ、ロールが出力されるが、残念ながら 8bit データで分解能は 1°単位である。

　その他、詳細は以下のウェブサイトをご覧いただきたい。

https://www.robot-electronics.co.uk/htm/cmps11i2c.htm

https://www.dfrobot.com/wiki/index.php/SKU:_SEN0183_CMPS11_-_Tilt_Compensated_Compass_Module

表 6-3 CMPS11 の出力

レジスタ	フュージョン
0	コマンドレジスタ（書き出し）／ソフトウェアバージョン（読み込み）
1	8 ビットのコンパス方位。すなわち 0 〜 255 の完全な円
2,3	16 ビットのコンパス方位。すなわち 0 〜 3599、0 〜 359.9°を表す。レジスタ 2 は上位バイト
4	ピッチ角　水平面からの角度を示す符号付きバイト、ジャイロとのカルマンフィルタあり
5	ロール角　水平面からの角度を示す符号付きバイト、ジャイロとのカルマンフィルタあり
6,7	磁気センサ X 軸の生出力　レジスタ 6 が上位 8 ビットである 16 ビット符号付き整数
8,9	磁気センサ Y 軸の生出力　レジスタ 8 が上位 8 ビットである 16 ビット符号付き整数
10,11	磁気センサ Z 軸の生出力　レジスタ 10 が上位 8 ビットである 16 ビット符号付き整数
12,13	加速度センサ X 軸の生出力　レジスタ 12 が上位 8 ビットである 16 ビット符号付き整数
14,15	加速度センサ Y 軸の生出力　レジスタ 14 が上位 8 ビットである 16 ビット符号付き整数

表 6-3 CMPS11 の出力（続き）

レジスタ	フュージョン
16,17	加速度センサ Z 軸の生出力　レジスタ 16 が上位 8 ビットである 16 ビット符号付き整数
18,19	ジャイロ X 軸の生出力　レジスタ 18 が上位 8 ビットである 16 ビット符号付き整数
20,21	ジャイロ Y 軸の生出力　レジスタ 20 が上位 8 ビットである 16 ビット符号付き整数
22,23	ジャイロ Z 軸の生出力　レジスタ 22 が上位 8 ビットである 16 ビット符号付き整数
24,25	温度の生出力　レジスタ 24 が上位 8 ビットである 16 ビット符号付き整数
26	ピッチ角　水平面からの角度を示す符号付きバイト（カルマンフィルタなし）
27	ロール角　水平面からの角度を示す符号付きバイト（カルマンフィルタなし）

　前節同様グラフ化を試みた。データは表 6-3 のレジスタを読み込むことにより、ロール、ピッチ角等のデータを取得できる。

　図 6-20 のスケッチは、ロール角をカルマンフィルタあり（緑）なし（青）とジャイロを積分し求めたロール角（赤）のデータをグラフ化し、比較したものである。周期 1 秒とゆっくりとしたローリングにも関わらずカルマンフィルタありではゆっくりとした応答となっている。200ms 程度の遅れがある。おそらくドローン用にチューニングされたものと思われ、二足歩行ロボットでの使用には不向きである。

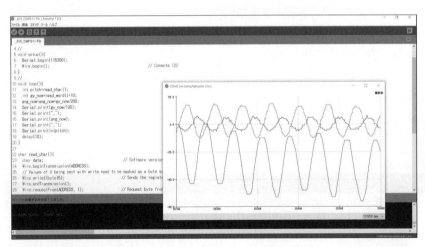

図 6-20　特性のテスト結果

6-7　姿勢センサのまとめ

　センサが色々販売されているが、ジャイロ、加速度、地磁気センサの精度はいずれも向上してきた。これらでロボットの姿勢を知るには、ロボットの加速度と重力加速度の分離が必要である。重力加速度さえ分離できれば、ロボットの動的姿勢がわかる。

　このためにはジャイロ、加速度、地磁気センサからロボットの状態を予測するカルマンフィルタなどが効果を発揮する。そのロボットに合ったものを使用するのがよい。プログラムを自作するにあたってはすでに掲載したウェブサイトや参考文献[2][3][4]をご参照いただきたい。

---

2)　（カルマンフィルタ）足立修一・丸田一郎：カルマンフィルタの基礎、東京電機大学出版局（2002 年）
3)　（クォータニオン）金谷一朗：3D-CG プログラマーのためのクォータニオン入門、工学社（2004 年）
4)　（ジャイロセンサ）多摩川精機株式会社：ジャイロセンサ技術、東京電機大学出版局（2011 年）

7章

二足歩行ロボットを作ろう

本章では、二足歩行ロボットの製作について解説を行う。二足歩行ロボットの脚は、アームロボットの座標系を入れ替えて考えればよいが、では実際にどのように考えればよいのか、実際に脚を組み立てて、歩行させてみよう。

7-1　ロボットの歩行を理解する

今まで（一社）二足歩行ロボット協会（旧 ROBO-ONE 委員会）では ROBO-ONE 参加用のロボット製作に関し、下記の書籍を発行してきた。

『RoboBooks　ROBO-ONE のための二足歩行ロボット製作ガイド』[1]

『ROBO-ONE で進化する 二足歩行ロボットの造り方』[2]

この中で多くの必要な技術は紹介してきた。本書の発行にあたり、基本技術の部分は何も変わっていないので、これらの書籍をご参照いただくとして、技術的進化をもたらしている部分を少し加えながら、Arduino のスケッチに移植する。

歩行パターンについては参考文献[1]の 2.7 節（68 ページ）で述べている。今回はロボットアームの逆運動学で歩かせてみよう。

歩行ロボットの足はロボットアームの組み合わせで完成すると述べてきたが、実際は 5 軸あるいは 6 軸の脚を 2 本持つロボットが ROBO-ONE では一般的である。

ここでは、まず近藤科学の KXR キット（図 7-1）をベースに、片脚 5 軸の二足歩行ロボットを組み上げて動かしてみよう。

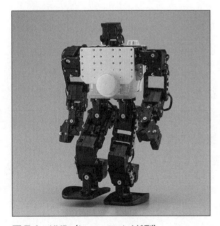

図 7-1　KXR（ヒューマノイド型）

文献[1]では SH シリーズの 16 ビットのマイコンボードを使用していた。当時では最速の制御用マイコンであった。今回はこれを初心者でもチャレンジしやすいように、Arduino で実行させることにする。本章ではプログラムが膨らんでくることも考慮し、Arduino Mega を使用する。また、本章の

---

1) ROBO-ONE 委員会（編）：RoboBooks ROBO-ONE のための二足歩行ロボット製作ガイド、オーム社（2004 年）
2) ROBO-ONE 委員会（編）：ROBO-ONE で進化する 二足歩行ロボットの造り方、オーム社（2010 年）

スケッチはオーム社ホームページよりダウンロードできる。

図7-2 Arduino Mega に ICS 変換基板と ICS 変換基板シールドを搭載し、ジャンパでシリアルポート 3 を使用

Arduino Mega には、近藤科学の ICS 変換基板と ICS 変換基板シールド[3]を使用した。

今回は開発用のシリアルポートとシリアルサーボの 2 つのポートを使用するため、図 7-2 のように、ジャンパでシリアルポート 3 を使用した。したがって、以下のようにインクルードファイルの設定とともに Serial3 の指定が必要である。

```
#include <IcsClass.h>
IcsClass krs(&Serial3,2,115200,5);
```

さらに 3 次元の逆運動学の採用とともに以下の点も注意が必要である。5 章で述べたロボットアームに対して、この場合の座標系は図 7-3 となる。この状態が逆運動学に使用した座標系である。X、Y 軸がゼロで Z 軸に足をまっすぐ伸ばした状態が初期値である。各サーボモータはこの状態でセットする必要がある。

ロボットアームの座標に対して、ロボットの脚の座標を判りやすく入れ替える（参考文献[1]で使用した座標系）と図 7-4 となる。上下が反対ではあるが X 軸と Z 軸が入れ替わった形となる。

すなわち前後方向が X 軸、左右方向が Y 軸、上下方向が Z 軸である。Z 座標を小さくすると、ロボットはしゃがむことになる。

---

3) http://kondo-robot.com/product/03121

7章 二足歩行ロボットを作ろう

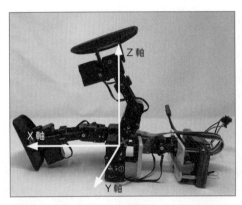

図 7-3 ロボットアームとの対比

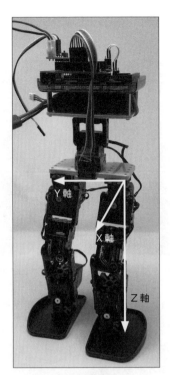

図 7-4 3軸を座標変換

3軸ロボットアームの逆運動学の計算は5章ですでに述べた。これに加えた2軸の角度を求めれば、5軸の逆運動学で歩行することになる。

第4軸目の角度は図7-5の θ_1 と θ_2 から求まる。このとき AA と BB、CC が平行であるとする。

$$\theta_3 = \pi - \theta_1 - \theta_2$$

となる。

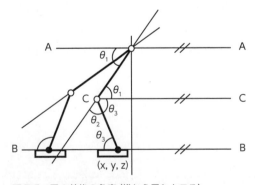

図 7-5 足の前後の角度 (横から見たところ)

同様に第 5 軸は図 7-6 から明らかなように $\theta_0 = \theta_4$ となる。

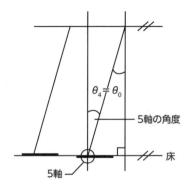

図 7-6 足の横の角度（前から見たところ）

ここで足踏みのスケッチを書いてみよう。文献[1] の「2.7.7　足踏みのプログラム」にそのプログラムがある。これを 3 軸ロボットアームベースの逆運動学を使って、Arduino スケッチに書き直してみよう。

変更の 1 つ目のポイントは、前述したように座標系を間違えないことである。本章では x、z を入れ替えて逆運動学ルーチン void ik(float x,float y,float z) を呼んでいる。

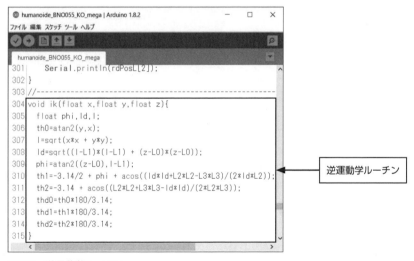

図 7-7 逆運動学ルーチン

2 つ目のポイントはタイマー割り込みを使用していたところを、割り込みではなくタイマールーチンの使用に変更したところである。

```
void ms_timer_st(){
    time_mSt= millis();
}
unsigned long ms_timer_rd(){
    time_ms=millis()-time_mSt;
    return(time_ms);
}
```

　ms_timer_st( ) で ms のタイマーをリセットし、ms_timer_rd( ) でカウントダウンする値と比較すれば、経過時間が ms で計測できる。使い方としては図 7-8 のようになる。While 文の中で経過時間に合わせてモーションを変化させている。

図 7-8　タイマーの使い方

　3 つ目のポイントとして足踏みのプログラムの流れは図 7-8 のとおりであり、理解しやすくするために、参考文献[1]の「2.7.5　足踏み」の解説にあるグラフをそのまま使用した。実際は 3 軸同時に変化させることができるので滑らかな美しい動きも工夫次第で可能である。

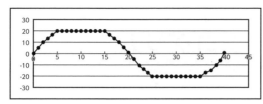
重心移動

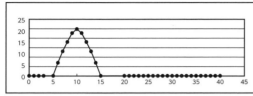
右足の動き

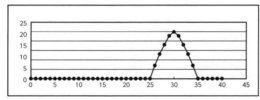
左足の動き

図 7-9 足踏みのフロー

このフローに沿って、以下のような動きを繰り返せば足踏みとなる。

1 重心を左に移動
2 右足を上げる
3 重心を右に移動
4 左足を上げる

7-2　ロボットの歩行プログラム

足を上げ、着地をどこに置くかを考えながら歩行を考えてみよう（図7-10）。ロボットアームをイメージすれば簡単である。

足踏みのプログラムではX軸に対して操作をしていないが、逆運動学ではこの軸も含まれているので、すでにスケッチは完成している。

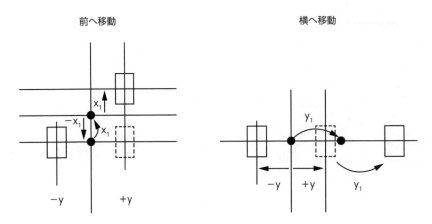

図7-10 ロボットが歩行する場合の足の着地点

前に移動する場合には、X軸方向に移動させ、横方向への移動はY軸で大きく移動してやればよい。

ジャンプのプログラム

ヨー軸を持たないロボットの回転は、両足でジャンプ状態をひねるなどして展開をしていることも多い。足踏みは左右交互に動かすが、ジャンプは左右同じデータを同時に入れればよいのでプログラム上はさらに簡単である。

歩行プログラムにおいてはサインカーブによる加減速のモーションを採用した。スケッチに示すように、ここでは等速運動のモーションとしている。

ジャンプでは最速で加速し、各軸が逆運動学に従いまっすぐ胴体が上昇するよう動作させるためである。ジャンプの場合膝関節が最も早く動く必要があるので、他の関節はこの角速度に合わせて動作させることによって姿勢を維持できる。

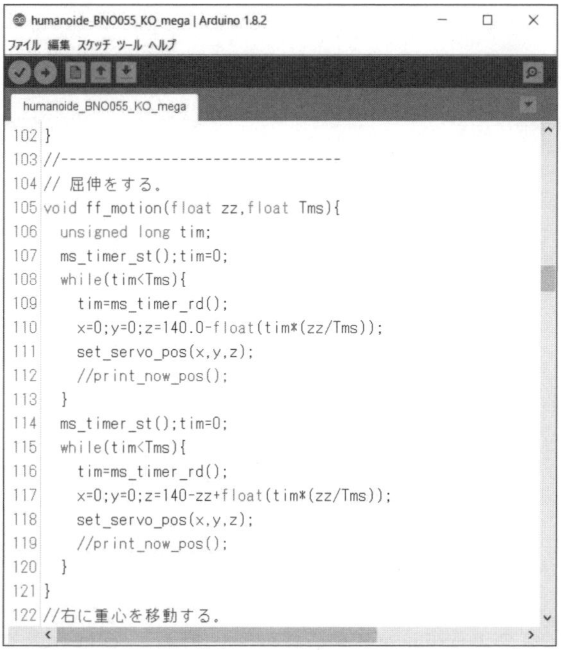

```
102 }
103 //--------------------------------
104 // 屈伸をする。
105 void ff_motion(float zz,float Tms){
106   unsigned long tim;
107   ms_timer_st();tim=0;
108   while(tim<Tms){
109     tim=ms_timer_rd();
110     x=0;y=0;z=140.0-float(tim*(zz/Tms));
111     set_servo_pos(x,y,z);
112     //print_now_pos();
113   }
114   ms_timer_st();tim=0;
115   while(tim<Tms){
116     tim=ms_timer_rd();
117     x=0;y=0;z=140-zz+float(tim*(zz/Tms));
118     set_servo_pos(x,y,z);
119     //print_now_pos();
120   }
121 }
122 //右に重心を移動する。
```

図 7-11 ジャンプのスケッチ

7-3 歩行時の外乱補正制御

　前節で述べたようにロボットが前後左右に移動できるプログラムが完成すれば、このキー入力の代わりに姿勢センサのデータに基づき、必要な移動を行うとよい。例えば、相手から攻撃を受けても、倒れないように移動すればよい。

　ロボットを速く前進させるとロボットは後ろに倒れる。攻撃を受けた方向と同じ方向に速く歩けば、倒れ角は減少する。リングに余裕がないときは、一気に後ろに足を開き、攻撃に対し踏ん張るのも一手である。

　制御用データとしてはピッチとロール、同じ軸のジャイロデータを取得する。9軸のセンサの設置場所により、初期値の補正をかけておくとよい。

図7-12 9軸のセンサの配置

　本書では、脚の付け根である腰の部分に図7-12のようにセンサを搭載した。使用したのは6章で説明したBNO-055（3軸加速度センサ＋3軸ジャイロスコープ＋3軸地磁気センサ）である。

　具体的なプログラムの内容としては、まず、下記のインクルードファイルを読み込む。

```
#include <NAxisMotion.h>
#include <Wire.h>
```

　それから、以下のようにセットアップを行う。

```
NAxisMotion mySensor;
  Wire.begin();
  mySensor.initSensor();
  mySensor.setOperationMode(OPERATION_MODE_NDOF);
  mySensor.setUpdateMode(MANUAL);
```

　そうすれば、以下のスケッチで各データを取得できる。これらはそれぞれデータを取得するコマンドである。

```
    mySensor.updateEuler();
    mySensor.updateGyro();          //Update the Accelerometer data
    mySensor.updateCalibStatus();
```

下記のスケッチでは、レジスタよりデータを取得する。

```
    angR_now=mySensor.readEulerRoll()-4.0;  //Roll data
    angP_now=mySensor.readEulerPitch()-1.0; //Roll data
    gyR_now=mySensor.readGyroY();
    gyP_now=mySensor.readGyroX();
```

したがってこのサブルーチンをコールすれば、以下の4つの大域変数が更新される。

- angR_now（ロール角）
- angP_now（ピッチ角）
- gyR_now（ロール方向の角速度）
- gyP_now（ピッチ方向の角速度）

これをロボットの進行方向 x、左右方向 y に制御データとして加算することによって、ロール、ピッチの傾き補正制御が可能となる。

7-4 まとめ

PWM サーボからシリアルサーボに変更することによって簡単に理解可能なスケッチになった。これは①多くの PWM ポートの初期設定がなくなったこと、②サーボの初期設定をサーボ角を読み込むことで、一発で取り込めるようになったこと、③そして逆運動学で、関節角度が一気に計算できるようになったことなどによるものである。シリアルサーボによって配線での省力化だけでなく、ソフト面でも大きな効果が得られることは明らかだ。

また姿勢センサは色々な場面で活用できる。起き上がりの判断に使うだけでなく、どうすれば倒れなくなるかというアイデア次第で上位に進出も可能になる。

色々なハードウェアを作るコツ：クロムキッドの作り方

8章

ロボット製作に関しては幅広い情報が必要である。本章ではロボットの製作を始めてから考えて実行に移してきた手法や、色々な方に聞いた情報をまとめている。製作などの疑問点に関しては、各地でロボット大会や練習会がありそこで質問することもできる。しかし大会や練習会に参加できず、情報が得られないという方もいるので、以前に質問を受けた内容などを整理して説明していきたい。幅広く多くのことを紹介していくので、少しでもロボット製作の参考になれば幸いである。

8-1　クロムキッド・ガルー

　これまで 10 年以上、多くの大会にクロムキッドとガルーで参加してきた。参加した大会としては、ROBO-ONE J-class、ROBO-ONE、ROBO-ONE Soccer、ROBO-ONE Light、ROBO-ONE「お手伝いロボットプロジェクト」、ROBO-剣、と多くある。本節は主に ROBO-ONE に参加する中で、ルールの変更にどう対応して、どのような結果を残したのか紹介する。その後、各ロボットの製作方法を説明する。

8-1-1　最初のロボット購入

　ROBO-ONE に参加するために、まずは近藤科学から発売されているロボットキット KHR-1 を購入し（現在では KHR-3HV が最新機種として発売されている）、組み立てて色々な動作（モーション）を作成した。その後すぐに KHR-1 用のサーボ交換キットが発売されたので購入し、サーボの交換を行った。最初のキットに付属していたサーボは電圧が 7.4V だが、12V に対応したサーボに交換したためサーボのトルクが高くなった。これによりサーボを利用している関節の保持力や動作が強くなり、力強いモーションが作成できるようになった（サーボを高性能なものに交換することは、ロボットの性能向上に有効である）。

8-1-2　最初のロボット大会参加

　ロボットで色々な動作ができるようになり、二足歩行ロボットの競技会の参加を考え始めた。まずは ROBO-ONE 参加の前に、初心者でも参加できる大会でもある「わんだほーろぼっとか～にばる」に参加した（この大会は ROBO-ONE の参加者やロボットキットの開発者も参加している。現在も開催されており、徒競走・サッカー・もの運び・格闘などの複数の競技がありモーション作成の勉強になる）。その後、以下の大会等に参加して情報交換や機体・モーションの改良を行った。

- ROBO-ONE J-class（現在の ROBO-ONE Light と同じようなバトル大会）
- KONDO CUP／KHR アニバーサリー（近藤科学主催の競技会。現在は KONDO BATTLE が開催されている）
- アスリート CUP（現在は「ロボット・アスリート CUP」としてロボットゆうえんちが主催。自律の 20m 走やビーチフラッグなど）
- 大学主催の大会（大学のサークル等が主催して開催している。学園祭の時期などに多い）
- アキバ・ロボット運動会／ロボプロステーション（現在は開催されていない）

最初のROBO-ONE参加
(第9回ROBO-ONE　パナソニックセンター東京)

　以前のROBO-ONEは、予選は決められたテーマに沿ったデモンストレーションを行っていた。そのデモンストレーションについて審査員が審査を行い、上位32台が決勝のバトルに参加できるようになっていた。決勝進出は狭き門で、基本的な機体性能がしっかりしたロボットが必要だった。このとき参加したロボットはまだキットのままの状態で、自分で作成した動きも不安定だったため予選通過はできなかった。

2度目のROBO-ONE参加(第10回ROBO-ONE　長井)

　前回の結果から、移動など、ロボットの基本性能を向上させて参加した。この回の予選演技のテーマは「うさぎ跳び」で、CDケースで作った階段を跳ぶという演技を行った。これを予選30位で通過し（予選通過枠は32台だった）、初めて決勝トーナメントに残った。しかし、決勝トーナメント1回戦でProjectMAGIチームの「繭」と戦い敗れた。モーションの準備ができておらず、攻撃力が不足していたのだ。

3度目のROBO-ONE参加(第11回ROBO-ONE　後楽園ホール　2007年)

　ROBO-ONE認定大会の「わんだほーろぼっとか～にばる」でROBO-ONE決勝出場権を取得し、決勝トーナメントからの参加となった。予選には参加しなくてもよかったが、モーション作成の経験を積むために、予選演技のテーマ「縄跳び」はできるようにした。

　この大会から3kgまでの軽量級と3kg以上の重量級に分かれた。クロムキッドは軽量級での参加だ。このときは、相手を見付けるセンサを付けることで、正確な攻撃ができるようになったため、初優勝することができた。

図8-1　クロムキッド(KHR-1を利用して製作)

自作ロボットでのROBO-ONE参加
(第12回ROBO-ONE 高松 2007年)

これまでは近藤科学のロボットキットKHR-1を改造して大会に参加してきたが、初めてキットではなく、自作したロボットのガルーを利用して大会に参加した。決勝で「ありまろ」と戦い勝利し、3kg未満の軽量級で優勝した。

図8-2 ガルー（最初の自作機）

8-1-3　機体の改良を色々試行錯誤して大会に参加

ROBO-ONEでは第13回大会でルールが変更となり、それまで足裏の最大サイズが直径13cmの円内に収まっている必要があったが、最大サイズ規定がなくなり大きくできるようなった。この変更は戦いに有利になると思い大型化し、全長は60cmで足裏の前後長さは16cmと大きめになった。

1回目に参加した際は足の構造を平行リンク（四角に閉じたリンクを足の根元から足首までに上下で2つ配置する、胴体付け根と足裏が必ず平行となる仕組み）を利用したが、モーションで機体が上下に弾みすぎたため平行リンク構造をやめた。その後、現在でも関節の軸とサーボの出力軸が同じである直動構造を利用している。

大型化に伴い、本章の後半で紹介するCFRPを利用して部品の軽量化等を行い、攻撃方法に関しても横攻撃を中心とし、ヘラ状の手先を稼働させて攻撃範囲をモーションで変更できるように改良を行った。

2011年の第19回ROBO-ONEでガルーが優勝し、さらに脚や手先をアルミからカーボンに変更し剛性を上げ、2012年の第20回ROBO-ONE、同年の第21回ROBO-ONEで引き続きガルーが優勝し、ROBO-ONE3連覇を成し遂げた。

図 8-3　クロムキッド

図 8-4　ガルー

8-1-4　小型の機体で大会に参加

　その後、ROBO-ONE のルールがまた変更され、足裏サイズ前後方向が 14cm 以下に制限され、攻撃も横方向が禁止となった。これでは今までのロボットでは参加が難しくなったため、小型のロボットを製作して参加した。制作したロボットは、全長は 47cm で足裏の前後長さは 14cm と規格最大サイズとした。2013 年の第 23 回 ROBO-ONE でガルーが準優勝した。

　その後、しゃがみ攻撃が禁止となり、対応したしゃがみのない攻撃モーションを作成、機体を改良しながら継続して参加している。結果としては優勝はなく準優勝と 3 位止まりだ。

- 2014 年　第 25 回 ROBO-ONE クロムキッド 3 位
- 2015 年　第 26 回 ROBO-ONE ガルー準優勝
- 2015 年　第 27 回 ROBO-ONE クロムキッド準優勝
- 2016 年　第 28 回 ROBO-ONE クロムキッド 3 位
- 2016 年　第 29 回 ROBO-ONE クロムキッド準優勝

　2018 年よりルールが一部変更され、足裏以外の部分がリングに着く技である「捨て身攻撃」や、攻撃した際に自分も一緒に倒れた場合にはダウンを取れないことになった。この対策のため機体とモーションを改造する予定だ。

8-1-5　クロムキッドとガルーの製作方法

　クロムキッドとガルーは、ROBO-ONE に参加し、優勝を目標として製作している。機体の性能向上のために、オリジナルの機構など考え、取り入れるようにしており、最善を尽くすため大会前に改良し、思い付いたことはすぐに試すようにしている。またルール変更後もすぐに対応する方法を考え、変更前と同じ力を発揮できるように改造を行っている。

2体の製作について

　2体で参加することにより実験的な製作が可能になる。機体に改良を加えていくことで、性能向上を模索しているが、片方の機体だけを改良することにより、現状の機体と改良後の機体性能を比べることができる。

　2体で参加するためには機体の準備や調整などに時間が掛かるが、2体の基本設計を同じにし、一部の性能や機能にそれぞれ特徴をつける。改良時も既存の設計をベースとして新機能や改良を加えることで対応している。

　製作に関しては、必要パーツや材料などをいつでも使えるように用意し、工具や製作機械に関してもCNC、曲げ機、3Dプリンター等を購入し、自宅で製作ができるようにしている。モーションに関しても基本は2体で共通としていて作成の時間を短縮している。

効率化について

　設計にあたって、設計・製作時間の短縮やメンテナンスの簡素化のため、以下の点に注意している。クロムキッドとガルーは思った以上に単純にできている。

　効率化の1つは部品点数を少なくすることである。手法として曲げを多く利用する、サーボをフレームとして利用する、箱形状は挟み込む構造で作る、などを行っている。その他に同じフレーム形状を利用するなど設計の共通化も行っている。

　サーボブラケットに関しては昔から市販のブラケットを参考に作成している。曲げのあるブラケットの板厚はすべて2.0mmとし、単純なコの字型と一体型でクロスのブラケットを基本としている。ただしクロスのブラケットを利用すると軸直交とならず、関節のピッチ軸とロール軸が同じ高さにならない。しかし、脚のピッチ間が短くても脚を長く作れるメリットもある。

　製作に関しては、製作工程がすぐ進められるように準備している。例えば、フレームを早く作るために自宅でCNCを購入し、CADで設計してすぐCNCで切削して、曲げ機を利用して完成させる。

　3Dで設計した形状をそのまま出力できる3Dプリンターも活用しており、肩の根元に着けるサポートを作成している。このほか、外装やバッテリーケース、スイッチカバー、フレームの繋ぎ材、サーボアームを作成している。加工できる素材は樹脂なので、軽くて、便利だ。試作にも適している。

　サーボのコントロールに関しても、モーションの作りやすい市販のコントロールボードを利用して、モーションを作り貯めている。移動などの動作の基本モーションは2体で同じ動きとしている。センサの利用が必要なときは別途マイコンボードを追加している。

8-2 それぞれの大会に応じたロボットの作り方

ROBO-ONEには数種類のバリエーションがあり、共通点もあるがやはりそれぞれのルールが違うため、対応した機体を作る必要がある。ここでは作成した機体の特徴などを紹介する。

8-2-1 ROBO-ONE

ROBO-ONEは、二足歩行ロボットによる格闘技大会である。現在は3kg以下の機体が参加できる大会で、毎回100体以上のロボットが参加している。参加者も学生から社会人までと幅広い。市販のロボットキットを改良して参加することもできるが、参加ロボットの多くはフレームから自作したものである。ROBO-ONEに参加したクロムキッドの製作のポイントは、以下のようになっている。

図8-5 ガルー

図8-6 クロムキッド

1. 倒れにくくするため、身長を低くし低重心にしている。足裏のサイズは前後方向最大長14cm、脚の長さは28cmだ
2. 徒競走の予選での確実な歩行や、格闘の際の有利な場所取りなどのため、移動の基本モーションを安定させ、速く移動できるように作成している
3. 相手よりも攻撃可能距離が稼げるように、踏み込み攻撃を可能としている。リーチが稼げるが、攻撃が当たるまでの時間が長くなり相手に避けられる、攻撃後に踏み込んだ横に隙があるため突っ込みすぎると狙われやすいと不利な点もある
4. 手先をグリッパー形状とし、相手の様々な場所を掴んで持ち上げることで、パンチと違った攻撃を作ることができる。ただし、持ち上げたあとに相手を放すことができないと一緒に倒れてしまい、有効な攻撃とならないため利用は難しい

図8-7　グリッパー形状（閉じた状態）

図8-8　グリッパー形状（開いた状態）

5　前方向への攻撃が速く出せるように、肩ピッチ軸を前方向に回転させて固定した。ただし特殊な軸構成となるため、攻撃以外のモーション作成は難しい。重心も前に移行しやすいので注意が必要だ

図8-9　肩ピッチ軸の角度

6　相手の攻撃が当たらないように、胸などを傾斜装甲とし、出っ張りも減らしている

8-2-2　ROBO-ONE Light

　ROBO-ONEの中でも初心者向けの大会だ。参加できるロボットの1つは認定されている市販キットト。標準の組立方法で作成することにより1kg以上でも参加できる（独自の改造などはできない）。ロボットキットそのままだと、重量は1kgより重い機体も多いので有利である。もう1つは自作フレームを設計し製作したロボット。こちらは重量やサイズに制限があるため、規定に従って参加する必要がある。例えば、重量規定は1kg以下である。参加者は学生が多いが、社会人も参加し上位に入賞している。

市販キットと 1kg 以下の自作ロボット、どちらも試合で有利な点、不利な点がある。市販キットは付属しているサーボを利用する必要があり、力があるサーボは利用できない。その代わり機体の基本重量が 1.7kg 近いため ROBO-ONE Light の中では重量級であり、攻撃を受けたときに倒れにくく有利だ。自作ロボットは重量が 1kg 以下と軽量で体重差では不利だが、機体全体の関節数を減らし、フレームを強度ギリギリまで軽量化することで、市販キットよりも力のあるサーボが利用できる。強い力を使った攻撃ができる点は有利だ。軽量化のために脚の関節などを減らした場合、歩行が難しくなり、予選での走行に関しては不利となるためバランスを検討する必要がある。

試合でも移動性能は重要なため、どちらの機体でも移動性能アップは重要になる。上位に入賞するロボットは素早い移動ができるものが多い。激戦の多い大会でもある。

なお、ROBO-ONE Light に参加経験はないが、前身の市販ロボットキットと 1kg 以下の自作ロボット大会には参加していた。その経験から、小型ロボット製作のポイントは、まず曲げや組み立ての精度に気を付けることだ。フレームの材質も体の中心や脚等はアルミでできるだけ強固に作成し、手先はポリカーボネート、足裏はシナ共合板を利用した。

またこのときのロボットは平行リンクで脚を作成した。平行リンクだと、トルクの少ないサーボでもバランスよく体重を支えられ機敏に上体を上下でき、ジャンプ等もしやすい。脚のピッチ用のサーボも 3 個から 2 個に減らせるので重心規定に有利なほか、他の部分に重量をまわせるというメリットもある。

8-2-3　ROBO-ONE auto

ROBO-ONE と同じルールで、操縦ではなくロボットが自動的に状況を判別して戦う大会だ。参加者は ROBO-ONE の参加者と、ROBO-剣など、他の自律競技の参加者もいる。

auto 用の専用ロボットを作成すると大変だが、ROBO-ONE と同じ期間内に大会が行われているため ROBO-ONE 用のロボットにセンサを搭載して自律化している参加者もいる。その他、市販キットに自律機能やセンサをつけたロボットも参加している。

ROBO-ONE auto に参加した、ガルーの製作のポイントは以下のようになる。

1 センサで相手を見付けやすくするため、ブレを少なく移動はスムーズにし、外周に近づきすぎて転倒、落下をしないため移動を安定させる
2 相手からダウンを取れないと勝てない。攻撃が確実となるモーションを準備している
3 センサは、相手のサイズに対応できる場所へ配置しなければならない。相手が小さいときに高い位置しか認識できないと、見付けることができない
4 相手の攻撃を受けなくても、リングから落下することでダウンとなるので、モーションやセンサの数値を調整して落下防止センサの精度を上げる
5 危険が発生し、緊急停止する必要があるときに、他のモーションが発生するよりも先に停止させ

なければならない。その場合に備えて、無線での停止信号を優先したモーションを作成する

6. 重量が重いほうが相手の攻撃に耐えられる。auto専用の機体を製作したが、重さは3kg以上とした

7. 基本的なモーションはできるだけROBO-ONE用の機体と共用し、センサは経験のあるPSDセンサを利用している

8. コントロールボードはロボット専用ボード＋センサ、ロボット専用ボード＋マイコンボード＋センサ、マイコンボード＋センサの組み合わせがある。簡単なロボット専用ボード＋センサを利用した

9. 倒れたことを検知するために加速度センサを使用している（これにより自動的に起き上がることができる）。相手のいる位置の把握には距離センサを使用。これは1つにつき、基本的に1方向を見ることができる。センサを搭載した箇所が動かせるので、動かすことによって各方向を見られる

クロムキッドやガルーでは利用していないが、カメラを利用して相手を認識し、追うことも可能だ。色などによって相手を判断できないため、形状やアウトラインを判断する方法による複雑な認識システムが必要である。

その他、レーザー式測域センサを使えば広い範囲のマッピングができる。しかし、移動する相手の認識方法や得られるマッピング情報の利用方法は非常に難しく、現時点では距離センサの利用が多い。第1回にはカメラでエッジ検出している方もいた。

8-2-4　ROBO-剣

アーム型ロボットで剣道を行う大会だ。大会の趣旨は「初心者が関節型ロボットの基本を学ぶとともに、上級者は画像処理や人工知能の技術育成を目指す」である。部門は2部門に分かれているが、現在はすべて同じトーナメントでの試合が行われている。参加者は学生・社会人・会社サークル等が多く、ROBO-ONEからの参加者も増えてきている。初参加で優勝を狙える大会でもある。参加しているロボットは、基本的に自作が多いが、ワークスによる機体の共同設計や市販フレームを利用したものもある。

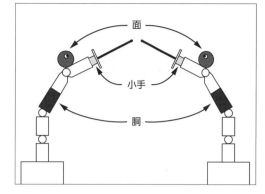

図 8-10 ROBO-剣の試合の様子（左）とロボットの構成（右）

ROBO-剣は自律部門と遠隔操作部門がある。詳細については、2-7 節で解説しているので、そちらを参照していただきたい。

ROBO-剣用のロボットのフレーム設計

　人に近い動きで、剣道の竹刀を斜め上から斬り下ろす動きができるようにするために、軸構成とフレームを設計した。普通のアームロボットは、腕の根元はヨー軸から始まる機体が多い。教育用や産業用などでは水平垂直で計算をしながら位置を出しやすいようになっている。ROBO-剣に関しても、根元はヨー軸から構成されている機体が多い。

　しかし、人は腕の根元の正面方向にねじれて左右に倒す動きができるので、それに近い動きができるように、ロボットの腕の根元の初めをロール軸として左右に倒せるようにした。これにより正面に対して横から打つイメージではなく、斜め上から斬り下ろす動きができた。問題点もあり、左右から斬り下ろす点は正面が中心となり軸がずれると左右対称の攻撃や、真正面の上からの面を打つときの軸がずれてしまう。さらに腕の根元にヨー軸を追加することで対応できるが利用するサーボ数が増えてしまう。正面の軸から途中でずれないことが重要なポイントだ。

　素早く正確に的となる位置への攻撃を行うために、重量バランスと関節が必要な力を検討した。重量制限がないので全体にベアリングを利用して関節の剛性を高め、関節間のフレームの剛性も高くしてさらにサーボもトルクのあるものを利用するなど、大型のアームロボットとした。こうするとアームの先端まで思った位置でピタリと止めることができ、壊れにくくもなる。

　しかし ROBO-剣では ROBO-ONE と比べて製作するロボットの関節数が少なく、1 体を作っても費用が掛からないのが利点である。そこで軽量化を行ってサーボのトルクとスピードを検討し、適材適所に配置することが参加するにあたっての設計の要点になる。基本は根元にはトルクがあるサーボ、先端は軽いサーボとする。現時点での設計では、根元は近藤科学の KRS-4034HV ICS（重量：61.2g、最大トルク：41.7kgf・cm、最高スピード：0.17s/60°)、中間は KRS-4033HV ICS（重量：61.4g、最大トルク：30.6kgf・cm、最高スピード：0.12s/60°)、先端は KRS-2572HV ICS（重量：47.7g、

最大トルク：25.0kgf・cm、最高スピード：0.13s/60°）である。

　根元の関節がトルク重視にしたことによりスピードが最高スピード：0.17s/60°と遅めになっている。これでは剣を振り下ろしたとき根元の動きが遅れて動くことになり、ちぐはぐな動きとなる。他の関節とスピードが違いすぎると、動作したときに動きに不具合が出るなど問題がある。今回は根元もKRS-4033HV ICSにすることでスピードを合わせたいところだが、トルクが足りないと動きの初速が遅くなり、振り下ろしたあとの停止時にブレが出るし、サーボにも負荷がかかる。

　スピードが遅いことの対策として根元関節にサーボを2個利用し、今回は長さ方向に連続した設計で考えていたので直列に繋いでいる（図8-11）。これでスピードが2倍（KRS-4034HV ICS（重量：61.2g×2 = 122.8g、最大トルク：41.7kgf・cm、最高スピード：0.17s/60°×2 = 0.85s/60°））となる。

図 8-11　ダブルサーボ

図 8-12　アンクル

　機体の製作においてROBO-剣のルールで難しい点はもう1つある。それはロボットの設置は30cm角のサイズからはみ出してはいけないというルールだ。このサイズに収めないといけないので、腕を振り回すことで、土台部分まで振り回され倒れることは絶対に避けたい。そのために足元を試合場となるテーブルに、吸盤で動かないように固定する必要がある。なお、土台の固定については、ROBO-剣の競技規則にも「吸盤により固定するものとする」と記載されている。

　ROBO-剣仕様のガルーは、カメラ固定用の市販の吸盤とカメラ用一脚の軸をベースとして、トレーニング用のアンクルを巻き付けて重量を増やしている。トレーニング用のアンクル（3kg）は内部に砂鉄（比重が水の7.2倍）が入っており、ペットボトルなどを置くよりも場所を取らない。さらに鉛を用意できるのであれば比重は11.4倍となるので、さらに重石のスペースをコンパクトにできる。鉛は釣り用の重石やシート状に巻いてあるテープ、インゴット等が入手可能だ。スピーカーの振動対策用のインゴットに関しては溶かして再度形状を変更することもできる。

　大会参加のために新たにロボットを製作したが、経験を積むために3種類の違った特徴を持ったものを作った。ここからはこれらのロボットの共通仕様と、それぞれの特徴を紹介する。

機体の共通仕様

フレームはすべて自作だ。アームを支える足（土台）は吸盤付きのカメラの三脚を使用。

竹刀の材質は軽くて丈夫なカーボン製の丸パイプを利用している（ルール変更となり現在は直径3mmの竹ひごを利用する）。片腕だけなので軽く、重りのない状態でのロボット重量は900gと軽量である。

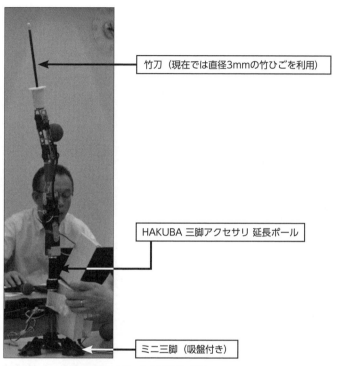

図 8-13 ROBO-剣用のロボット（自律タイプ）

手動モーション操作：操縦タイプ

ROBO-ONEと同じ部品で構成できるので、製作しやすい。人が操作するので自律ロボットが相手だと、動きのパターンを読んで隙をつくこともできる。しかし今後、自律ロボットの制御精度と動作スピードが速くなると、対応が追いつかなくなるだろう。

人間の判断でコントローラのボタンを押すことで、あらかじめ決められたモーションの軌道で攻撃ができる。ロボットに搭載したカメラからモニター越しに相手を見て操縦を行えるが、技名を言わないと当たっても無効になる。

サーボコントロールは近藤科学の RCB-3 を使用。コントロールボードやバッテリーケースは 2 足歩行ロボットから流用している。

図 8-14 手動モーション操作用のアームロボット

マスタースレーブ操作：操縦タイプ

　攻撃するアームと同じ関節構造を持った操縦用のアームを動かす、マスタースレーブ方式で攻撃するロボットとした。人の腕と同じようにその場で思ったとおりに竹刀を振ることができるので、相手を攻撃する対策や守る対策ができる。モーションは作る必要がないが、ロボットを動かすための練習が必要だ。

　マスタースレーブとは、実際に竹刀を動かす側のスレーブロボット（A ロボ）とそれと同じ構造の操縦用のマスターロボット（B ロボ）があり、B ロボを動かすと A ロボがその動きをトレースして動く方式だ。図 8-15 左側がスレーブロボット（A ロボ）で、右側がマスターロボット（B ロボ）だ。B ロボが小さいと操縦しにくいので、今回は A ロボと同じ大きさにした。勢いよく腕を振ると、ロボットの手先の重さで狙った位置より先にいってしまうので、少し手前で止めるイメージで操作した。また狙おうとするとゆっくりした動きになってしまうのはご愛嬌だ。サーボコントロールは近藤科学 KCB-5 を使用。

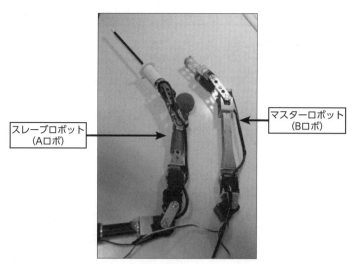

図 8-15　マスタースレーブ操作のロボット

自律動作

　ロボット本体にセンサやカメラを設置し、そこから得られる情報をもとに自動的に判断して、最適と思われる位置に攻撃をするようにした。攻撃と同時に技の名前も発声する。他には相手の攻撃を見て攻撃をかわしたり、払う動作も自動的に行うことができる。

　画像認識は、カメラと画像処理を一体で処理をしてくれる PIXY CMUcam5 を利用している。このカメラは色を認識して色の画面上の重心位置座標を数値で出力してくれる。座標から攻撃タイミングを判断して、サーボコントローラに実行指令を送る処理は Mbed を利用した。この部分には『ロボコンマガジン』に 2015 年 3 月号から 2015 年 11 月号まで連載されていた「カメ型ロボで自律競技に挑戦してみよう」を参考にした。なお、音声に関してはロボットに音声用のボードを積むか、パソコンから音を出す必要がある。サーボコントロールは近藤科学 RCB-4 を使用。

図 8-16　PIXY CMUcam5
（写真提供：ロボショップ株式会社
https://www.robotshop.com/jp/ja/）

図 8-17　PIXY CMUcam5 をロボットに設置

8-3　機体の設計前に考えたこと

大会に参加して勝つためには、自分の機体性能を上げることも必要だが、相手を知ることや対策を検討することも重要だ。本節では、まず試合に出場して気が付いた点を、その後自分の機体のウィークポイントと、攻撃や防御で考えていることを説明する。

8-3-1　相手を知る

最近のROBO-ONEでは手を振り上げて相手を打ち倒す攻撃が増えている。その他には押し出すパンチ、相手の腕などを掴んで持ち上げる攻撃などがある。その他に前転攻撃、前転挟み、ハイキックなど大技もある。

それに対応するために、腕で相手を持ち上げるスピードが上がるように高速のサーボを使ったり、フレームや外装は、攻撃したあとに相手の転倒に巻き込まれないよう突起部分を少なくしている。手先については攻撃後に手先の下からのカウンター攻撃を受けないように面積を小さく、細くし、相手のカウンターが当たらない位置まで上げておくようにしている。手先を下ろすときも相手から離れた位置で下ろすことができるようになっている。攻撃方法は図8-18～8-20を参考にしてほしい。

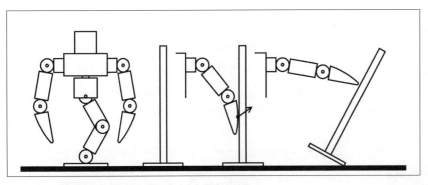

図8-18　手先をアール状にし、押し出す力も発生させる

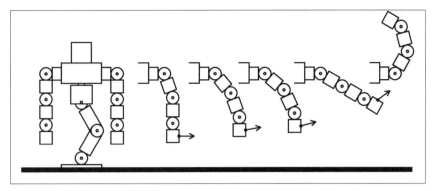

図 8-19 手先の作用点の可動軌跡がムチ状に流れてスピードと力が出せる。この場合は腕のサーボ数が増える

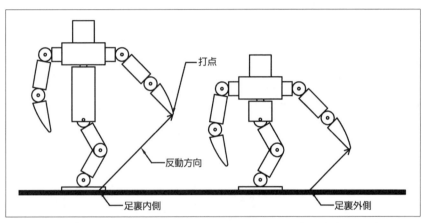

図 8-20 身長が高いと自分から遠い地点でも反動で倒れることなく押し上げることができる

8-3-2　自分を知る

　自分で製作している機体のウィークポイントを見る。

　主に身長が低いロボットを製作しているので身長に関してになるが、体の先端を押された場合に、同じ押しの長さだと、身長が低いほうが身体が傾く角度が大きくなる。つまり、体の中心である重心を押されたときは下がるだけだが、頭部を押されると傾くので倒れやすくなる。また、身長が低いと頭部は攻撃が当たりやすい位置になる（図 8-21 〜 22）。

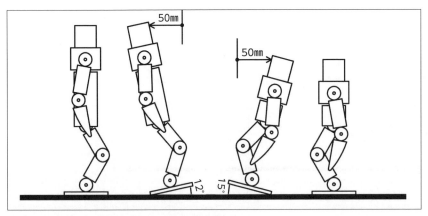

図 8-21 押された場合の位置によっての傾きの差

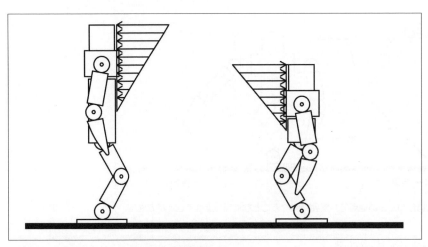

図 8-22 身長の違いによる全長の先端位置の違い

8-3-3 攻撃や防御で考えた機体構造

攻撃や防御を考えたときに、どのような機体の構造が良いかを考えている。具体的には次のような内容だ。

攻撃

- 相手を持ち上げられる腕の構造にするため、スピードと持ち上げるために必要なトルクのバランスでサーボを選ぶ
- 手先を素早く動かすには手先を軽量化したほうが初期加速が速くなる。また手先が軽いほうが手を振るモーションの際に体が振り回されない
- 腕の形状の違いで攻撃の届く範囲が違う。攻撃の際に、腕の根元を主な軸にする場合は大きい円

を描くので下から上まで遠めの攻撃ができる。肘を主な軸にする場合は描く円が少し小さいので範囲は狭くなる（図8-23）

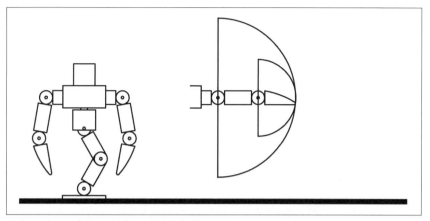

図 8-23 腕の形状による攻撃の範囲の違い

- 押し出しのパンチは、頭部など先端部分を押すことで相手のバランスを崩すことができる。そのバランスを崩せる位置に攻撃できる構造

防御
- 相手がこちらを持ち上げられないように、脚や腕に相手の手などがかからない構造とする
- 平面の重心位置は足の中心にしやすい構造とする

8-4　ロボットの設計

　格闘に強く、特徴や個性のあるロボットを製作するために、常に色々なことを考えて計画や設計を行っている。基本的な考え方と、設計の基準と手順を説明する。

1. 攻撃の方法を考えて設計する。攻撃方法はロボットの重要な特徴の1つである
2. 機体の大きさを考える。ROBO-ONEの規定では、脚の長さによって最大の足のサイズや手の長さ、肩幅の広さが決まってくる。ここでは大きくするか、小さくするかで個性の違いが作れる
3. 重量は3kgに収めなくてはならないが、主にサーボとフレーム、ケーブル、バッテリーの重量で決まってくる。これらの素材やパーツに何を使うかでも個性が出てくる
4. サーボの選定も重要だ。検討項目としてはスピード、トルク、サイズ、重量、電圧があるが、同じメー

8章　色々なハードウェアを作るコツ：クロムキッドの作り方

カーの製品を利用すると、ある程度性能は限られてくる。使い慣れたメーカーの製品を利用することで、ギアの定期交換や修理も行いやすくなる

5　サーボを動かすコントローラ（モーションプロセッサ）は、歴代のロボットで同じものを利用している。センサ等の外部入力は大会の目的によって追加で用意する

6　丈夫で剛性のあるフレーム設計とデザインを考える。歩行性能のためにフレームの剛性に関してはねじれないことが重要だ、そのためにサーボ間の接続部分を塞ぎ、繋ぎの部品を入れ、箱型状にする。この3点の接続もしっかりと剛性高く繋ぐ必要がある

塞ぎ、繋ぎの部品は肉抜きし軽量化することも可能で、形状によりロボットのデザインの一部として個性的に見せることができる。ただし肉抜きしすぎると剛性が低下し、破断しやすくなる

また切削時間が掛かり大変だが、肉抜き底を面としても残す方法もある。特に板厚が厚いほど箱形状になるため、ねじれにも強くなる。また残す厚さにより重量も重くなるが剛性が増す。フレームの素材としてはアルミ、CFRP、ポリカーボネート、POM、シナ共合板、ABS等を使い分ける。それぞれの素材の特性は、次節で紹介する

7　手などをケガしないように、危険な部分をなくすように設計する。たとえば、棒状の尖りを作らない、アルミの角はRをとる、バリを綺麗にとる、平行リンク等でなるべく挟み込む部分を減らすなどである。またバッテリーの破損を防ぐため外部に露出しないようにする

8　サーボやケーブルの交換がしやすいようにメンテナンス作業を考えて設計する。奥まった部分に配置すると交換が難しいため、実際の交換の手順も考えた設計が必要だ。ケーブルは傷が付いたときや、内部の断線によるサーボの動作不具合などで交換が必要になる場合がある。ケーブルの交換をしやすくするため、胴体内配線の場合でもスペースに余裕をもたせる

8-5　ロボットを構成する素材と部品

ここでは、クロムキッドを製作するときに利用している便利な材料等も紹介する。普通の工作ガイドとはちょっと違うかもしれないが、参考にしてほしい。

8-5-1　素材

初めに、フレームなどに利用している素材を紹介する。

曲げの必要のない場所に利用しているアルミ A2017

ジュラルミンと呼ばれている。鋼材並みの強度を持ち耐食性に劣るが、通常で使う場合は表面にくすみの変化が起こるぐらいだ。切削性は良好だが曲げはできない。

ブラケットなど曲げる必要があるところに利用しているアルミ A5052

　中程度の強度があるアルミ合金で、曲げ加工もできるが、強度の割りに疲労強度が高いので、疲労による破壊には気を付ける必要がある、一般的で使いやすい材料だ。

　アルミは薄くても、箱型のフレームでサーボ間を繋ぐと剛性が高くなる。ただしバトルの場合、攻撃した際の衝撃、転倒、ロボット同士の絡みなどで破断する恐れがあるので注意する必要がある。また繰り返し衝撃・振動の疲労でまれに破断することがあるので、長期で利用するときは目視でチェックする必要がある。またはフレームを定期的に交換する。

図 8-24　アルミ肉抜き（フレーム形状）

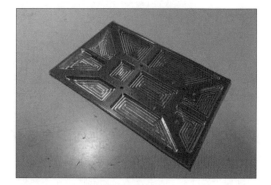

図 8-25　アルミ肉抜き（面残し）

図 8-26　シナ共合板

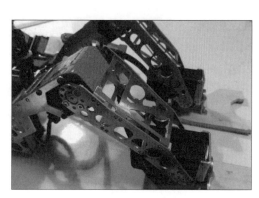

図 8-27　主フレームのブレース（補強）のイメージ

軽量化を行いたいときに利用するカーボンファイバー板（CFRP）

　高価だが強度が高く軽量で、板やパイプ状などで販売されている。CNCのエンドミルで加工できるが、A4サイズの板を2枚カットするとエンドミルの刃は限界である。また削ったときに出るカーボン粉は、空気中に拡散させないようにしている。カーボン粉の性質は石綿と違い問題ないと言われているが、粉塵は体に良くないので、板を水に沈めてカットしている。この方法だと、粉塵が出ず、削り屑の処理が楽だ。カーボンの切断面の処理は、バリをとり瞬間接着剤で固める。

また、板材を幅が狭い場所に使用した場合、力や衝撃が加わると割れや砕ける恐れがある。厚さや幅が 1 〜 1.5mm 以下のときは、利用場所の検討や幅を広くするなど設計に工夫が必要だ。

図 8-28 カーボンファイバー板 (CFRP)

軽量化を行いたいときに利用するグラスファイバー板（GFRP）

カーボンファイバーより安価で、入手もしやすいが、強度は劣っていて、力を掛けるとしなるが強い衝撃で砕けることもある。箱形状にすると丈夫なフレームが作成できる。

次にフレームの繋ぎや、手先、足裏などで利用する素材を紹介する。

サポートや足裏、ボディに利用しているポリアセタール（POM）

POM はサーボの出力軸を片持ちで利用する際に、ゆがまないようにサポート材として利用している。また、足裏として利用したり、箱を組んでボディに利用している。アクリル板より割れにくく肉抜きもできるので使いやすい。電気的絶縁性能、自己潤滑性が良いが、比重は他の素材と比べて大きい。

割れることがなく手先に利用しているポリカーボネート（PC）

ポリカーボネートは手先に利用している。アルミよりも CNC での加工がしやすく、人に対しても金属よりも柔らかく、すれや切れなどが起こりにくい。ラジコンのボディなどによく使われている素材で、バキュームフォームで加工ができる。ロボット用に加工して使うには厚さ 6mm の板材を利用している。ポリカーボネートは無理をすると曲がる可能性はあるが、衝撃で割れることはない。また専用の接着剤で接着も可能だ。

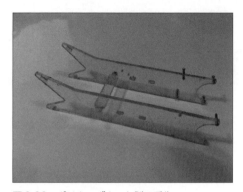

図 8-29　ポリカーボネート製の手先

木材で足裏に利用しているシナ共合板

　シナ共合板は足裏に利用している。非常に軽量でCNCで加工しやすく、安価で色々な形状が試せる。また一定の衝撃は吸収できるのでサーボのギアへの衝撃が軽減される。歩行時の床の打撃音もアルミやCFRPと比べて静かで、モーション作成時に音が気にならない。シナ共合板は普通の合板と違い内部の素材までシナでできているので、見栄えがよく少し強度が高い。また合板なので木の目に沿って割れることは少ない。東急ハンズで購入できる手軽さも魅力だ。

ABS（3Dプリンターで出力）

　ABSは3Dプリンターで出力することで、自由な形状が簡単に製作できる。その部品を色々な場所に利用している。例えば、POMと同じように、関節のサポートとして利用したり（図 8-30）、その他に外装、バネ受け、フレーム間の繋ぎ（剛性を高めるため）、フレームにも利用している。フレームに関しては力がかかる部分については、割れないような積層方向、素材を強度や弾性が高いものに変更したり、積層密度を高くするなどを検討する。

図 8-30　サポート

8-5-2 部品

ここでは、軸受やナット等の部品やテープ素材などを紹介する

ベアリング（転がり軸受）

フランジミニチュアベアリングを利用することが多い。重量が重めなので必要箇所の利用にとどめる。剛性や耐久性がある。

ブッシュ（滑り軸受）

ベアリングよりも安価で軽量である。素材はテフロンやナイロン、合金等がある。また構造的にも簡単なため、配置スペースも小さめにできる。剛性は低く、抵抗がベアリングよりあり、接触部分が摩耗しやすいために寿命が短い。そのため、メンテナンスの際には気を付けてチェックする必要がある。

しかし重量が軽いロボットや、力が掛からない場所に利用できて便利だ。高速回転をしない部分は、ベアリングまでは必要ないのでブッシュを使う。

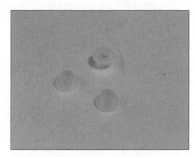

図 8-31　ブッシュ

ナイロンナット

フレームに軸を作る際に、サーボフリーホーンを止めるために利用する。

M3 のねじ用には通常サイズと薄型があり、薄型だと少し軽くなる。だいたいラジコン用のものを使用している。

図 8-32　ナイロンナット

ケーブル

サーボ間を接続するケーブルは、近藤科学の 3 芯のハイボルテージ用ケーブルを利用している。ケーブルは曲がったり伸びたりする回数も多く、内部の銅線が太めだと、変形を繰り返していると折れて切れる。純正のロボット用サーボケーブルは細目の銅線が利用されている。サーボ専用の 3 芯ケーブル以外では、さらにケーブルが丈夫で高張力、高屈曲な SOF ロボット用電線 SOF-RC23RD もある。バトル中に絡まないようにできるだけ本体の中、フレーム内に配線できる設計にするとよい。

スパイラルチューブ

外に出ているケーブルはすべてスパイラルチューブでカバーしている。

結束バンド（インシュロック）

インシュロックでケーブルがフレーム内部から引き出されないようにフレームとケーブルを繋ぐ。複数のケーブルをまとめておくと、引き抜きにも強くなるので突発に力がかかっても大丈夫だ。

滑り止めテープ

歩行時のグリップによる安定のためと攻撃時に後ろに滑らないようにするため、足裏の中央部分に滑り止めテープ「日本ダースボンド バスシート グリーン」を貼り付けている。ほこりなどが付いても滑り止めが弱まらないのが利点だ。耐久性はそれほどないので、定期的に交換が必要だ。

滑りテープ

相手から押されるという攻撃を受けた場合、かかってきた力を受け流すため足裏の前側と後ろ側に滑り材の「カグスベール（ビッグフリーサイズ）」を必要なサイズに切って貼っている。

8章　色々なハードウェアを作るコツ：クロムキッドの作り方

図 8-33　カグスベール

アセテート布粘着テープ

　サーボコネクタの引き抜き防止やケーブルの押さえ等にニトムズの「アセテート布粘着テープ」を利用している。ビニールテープは時間が経つと剥がすときに粘着が残るが、アセテート布粘着テープは粘着が残らず貼り替えに便利だ。接着力や貼付け形状の追従性も優れていて複雑な形状でもぴったり貼れる。また手で簡単に切ることができる。

図 8-34　アセテート布粘着テープ

グラステープ

　補修や補強に利用している。薄くて軽く、ガラス繊維入りで丈夫だ。貼ることで丈夫になり、粘着も強力だ。ただし手で切ることはできない。固定や補修など色々な使い方ができる。

ハードテフロンシート

　ハードテフロンシートシールを貼ると、表面強度が上がり摩擦抵抗も非常に少なくなるため利用している。

　ABSを使って3Dプリンターで作成すると、特殊で正確な形状を短時間で作成できる。出力した部品をそのままでも利用できるが、金属のブラケットとスラスト方向で接触する設計のときはABSが

削れることがあるので、そのような部分に貼り付けて利用している。

　また、このテフロンシートは接着力や傷に対しての強度が非常に高く、足裏に滑り部分を作りたいときは、このシートでも対応できる。

図 8-35　KAWADA ハード・テフロンシート 150 × 390 SK44

バッテリー

　動力としての電源はリチウムポリマー電池（Li-Po）を利用している。バッテリーの容量は ROBO-ONE 用の 3kg のロボットには Li-Po1300mAh を利用している。充電器に関してはコンセント 100V を利用するものと 12V の直流電源を利用するものが販売されているが、会場で充電する場合は 100V 対応の充電器が便利だ。1C 充電にあった電流設定ができることも確認する。1300mAh の電池の場合は 1.3A で 1C 充電になる。

　利用上の注意点としては、次のようなことが挙げられる。安全上電池は必ずロボット体内へ完全に収めて、試合の際の相手からの攻撃などによる損傷を受けないようにする。バッテリーは過放電すると膨らんでしまい充電できなくなるので、過放電しないよう慎重に利用する。例えば、ロボットを長時間動作させることで過放電する場合もある。また、バッテリーにコネクタを付けるときに必ず 1 芯ずつ被覆を剥いて繋ぐ。充電は安全のため専用充電器を利用する。

図 8-36　クロムキッドのバッテリーの配置

8-6 試作・製作・メンテナンス

ここでは、ロボットの試作や製作に利用している工具の紹介や、大会出場に向けてのメンテナンスの方法などについて解説する。

8-6-1 製作で主に使用する工具

ロボットのフレームなどは、自分で製作したいと考えているので、自宅にひと通りの製作工具を用意している。ここでは利用している機器や工具を利用する際のヒントと注意点を説明する。

フレーム製作に CNC を利用

CNC はオリジナルマインドの「mini-CNC HAKU 2030」を利用している。現在は後継機種として「Kit Mill SR200/420」、「Kit Mill RD300/420」等が発売されており、二足歩行ロボットを製作している方によく使われている。自宅はマンションであり、音と振動が出ると問題となるので、ケースで対策を行っている。

ケースは MDF 板をカットし組み立て、内部に防音ゴム板と吸音スポンジを、ケースを閉じたときに噛み合うよう貼り付けて、音が漏れないようにしている。開閉に関しては大きく開くようにし CNC の切削準備や完了時の取り外しを行いやすくしている。自宅に CNC を導入して結構経つが、製作のスピードが上がり、改良の頻度も非常に多くなって色々なロボットが作れるようになった。

図 8-37 自作 CNC ケース

部屋に CNC が置けない方は外注・切削サービスを利用することで、フレームを切削することがで

きる。例えば、以下がサービスを行っている。ただし店舗に受け取りに行く必要がある。

- ROBOSPOT（近藤科学サーボ利用ロボットの部品のみに対応）
  加工可能材料：アルミ合金　A5052、アルミ合金　A2017、ABS樹脂、POM（ジュラコン）

切削後のアルミのバリ取りに使うバリ取りナイフ

　アルミを切削後にエッジが直角でシャープに尖っている、ささくれができることがある。この部分をバリといい、そのままにしておくと指を切ってしまうので、追加工が必要だ。以下の方法でアルミのバリを取っている。

　主にホーザンの「バリ取りナイフ K-35」を使っている。直線や内円の部分は、刃をバリを取りたい場所に当て、引くことで切り取る。うまく切れると線上の切りくずが出て、見た目も角が45度の面が見えるようになる。外円に関しては、ダイヤモンドやすりでバリをとったほうが便利だ。ケガをしないためにもバリ取り作業は重要だ。

図8-38　バリ取りナイフ

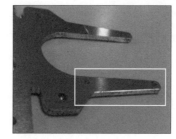
図8-39　エッジ部分

図8-40　切りくず

サーボアングル作成に曲げ機を利用

　曲げ機はオリジナルマインド「Bender Black 30+ バックゲージ」を利用している。現在は後継機種として「MAGEMAGE+ バックゲージ」が発売されている。ともに複雑な曲げが可能で、バックゲージを利用するとケガキ線がなくても正確に曲げることができる。曲げに利用するパンチとダイの幅を色々と変えることができるため、クロスアングル等複雑な形状が作成できる。

8章　色々なハードウェアを作るコツ：クロムキッドの作り方

図 8-41　コの字が 2 つ組み合わさったアングル

手軽に作成できる 3D プリンターを利用

　3D プリンターは AFINIA H479 を利用している。現在は後継機種として AFINIA H480、コンパクト型として AFINIA H400、上位機種として AFINIA H800+ が発売されている。アングルやサポーター、外装、ケースなどを作成している。

　温度管理や匂いの問題の対応のためケースを利用している。ケースといっても上からかぶせるだけの箱である。材質は難燃性に優れている塩ビ板のボックスがよいだろう。冬場に部屋が寒いときでも温度が冷えすぎることなく問題が起こりにくいが、フィラメント樹脂を溶かして積層を行うため、樹脂の溶けたときに匂いも出るので、これを抑えることにも役立つ。樹脂の煙は吸い込むと体に悪いので狭い部屋や居間で出力するときは必須だ。

図 8-42　AFINIA H479

　3D プリンターがなくても出力サービスで作成は可能だ。例えば、DMM.make はデータを渡して

出力してもらうサービスがある。その他に工作スペースや Fab で 3D プリンターを借りて出力を行うこともできる。浅草橋工房、ファブスペースみたか等があるがネットで近くのスペースを探してみて欲しい。

8-6-2 あると便利な工具

これまで、主に利用している工具や工作機械を紹介してきた。次に実際に利用してみて便利だと思った工具を紹介する。

電動ドライバー

パナソニックの「充電 ドリルドライバー EZ7420」を利用している。重さも 630g と軽量で高速の電動ドライバーだ。無段階でスピードをコントロールでき、クラッチ機能も付いている。しかし一番弱くしても少し強めなため注意が必要だ。

図 8-43　電動ドライバー パナソニック「ドリルドライバー EZ7420」(写真提供：パナソニック株式会社)

平行線のケーブル皮剥き

サーボに利用している 3 本の平行線を 1 回でストリップできる「trade ワイヤーストリッパー SR-WS28」を利用している。価格も安く趣味に利用するには十分な性能だ。

8章 色々なハードウェアを作るコツ：クロムキッドの作り方

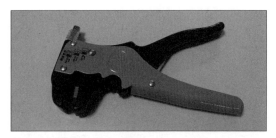

図 8-44 ワイヤーストリッパー

ねじの切断

ぴったりの長さのねじが必要なときに切断して作成している。フジ矢の「万能電工ペンチ」を利用してM3やM2.6のねじを切断している。ねじを切断するには工具自体の精度と強度が必要なので、メーカー製を利用すると切れ味が良く、長持ちする。

デジタルはかり

ロボットの重量を量るためのデジタルはかりはエー・アンド・デイの「SH-12K」を利用している。このはかりは12kgまで量れるが、最小表示が5gと少し大きいため5g以下は正確に量れない。今は5Kgまで量れて最小表示が2gの「SH-5000」や、そのほか最近では5kgまで量れるデジタルはかりもネットで安く買える。

試合当日のレギュレーションチェックで利用するはかりで量った場合と、事前に量った重さが違う場合もある。重量が規定ギリギリでロボットを製作した場合は、大会会場で重量オーバーにならないように、誤差が5g程度でも吸収できるように余裕をもたせておく。

図 8-45 デジタルはかり

超音波カッター

3Dプリンターの試作やサーボケースなど、プラスチックのカットにエコーテックの「超音波カッター（ZO-41）」を利用している。簡単にカットでき、電熱でカットする方法と違い焦げができにく

いので後処理が楽だ。

図 8-46　超音波カッター エコーテック「ZO-41」(写真提供：エコーテック株式会社)

ホットボンド／グルーガン

　ケーブルの抜け防止、コネクタの断線防止に利用している。使い方として熱で溶かしたボンドを少しだけ付けてコネクタが抜けないように仮止めしている。コネクタを外すときはボンド部分を外してから外す。外し難いが力をかけると外すことができる。

図 8-47　グルーガン

図 8-48　サーボコネクタをグルーガンで仮止め

図 8-49　コネクタをグルーガンで仮止め

安定化電源

モーションを作成するときにアルインコの「DM-330MV 12V」の電源を利用してロボットを動かしている。バッテリーを利用することなく長時間利用できる。

利用上の注意点として、モーションの最終確認は実際に試合で使うバッテリーを利用して動作を確認する。電圧の違いや、軽量級のロボットの場合は安定化電源のケーブルの重さや引っ張りでバッテリーのときと違いバランスが崩れているので試合と同じ状況を作ることが必要だ。

図 8-50 安定化電源 アルインコ「DM-330MV 12V」(写真提供：アルインコ株式会社)

8-7　大会直前の注意点

大会直前には、その時期なりの「やるべきこと」がある。以前に動かしたときに気が付かなかったトラブルや小さな破損があったりするので、確認することは重要だ。大会には万全の状態で臨みたい。

8-7-1　大会前にいつも行っていること

大会直前には、いつもサーボのメンテナンスや、破損している恐れのある部分を確認するといったことを行っている。

サーボのメンテナンス

サーボホーンとファイナルギアの遊びの確認、サーボのバックラッシの確認、サーボのギアの状況の確認と交換などがある。サーボのギアの確認は、基本的にロボットから外してからケースを開けて行う。このようなオーバーホールは時間がかかり頻繁にはできないため、普段はロボットの関節を手で動かし滑らかに動くか確認し、実際に動かすときにサーボのギアからの音で確認する。

破断恐れ箇所の視認

アルミの曲げ部分、アルミやカーボンをねじで留めている部分など長期間使っている箇所は、繰返しの力がかかり破断が発生しやすい。疲労による破断や前回の大会や練習中、調整中の衝撃などで破損している恐れがあるので、大会前に確認することが必要だ。

8-7-2 試合前に必要なこと

試合前にも確認をしたほうがよいことがある。リングに立ってから、ロボットが動かないと気が付いても遅いので、以下の内容は確認しておこう。

モーションの確認

直前にモーションを追加したときは、間違ってモーションの上書きや消去をしてしまっている可能性もある。実際に、コントローラを利用してすべてのコマンドが確実に動作するか確認する。起き上がりやサーボの脱力に関しても忘れず行う。

無線通信の確立確認（試合直前）

コントローラからの通信が確立するか確認する。コントローラとロボットが接続できない要因は、実はたくさんある。例えばコントローラ本体を忘れたり、違うコントローラ（他の参加者のものや、別のロボット用のもの）を持ってきたり、コントローラの故障、電池切れ、電池の入れ間違い、クリスタルの間違い、設定の間違い、会場の電波混線状況などがそれにあたる。また、スイッチの入れ間違いなどのケアレスミスも起こりやすいので事前に落ち着いて確認する。

ねじの緩み

一番緩みやすいのはサーボホーンにフレームを留めるねじと、サーボホーンをサーボに留めるねじで、平行リンクの繋がりのねじも重要なので確認する。

なお、ねじロックは必ず利用するようにする。種類は多く出ているがロックタイト 243 の中強度を利用している。

ねじを締めすぎると外れなくなるのでは、と思うかもしれないが、そのような場合はネジザウルスで外すことができるので、しっかり締めたほうがよい。

ケーブルの損傷

外から見えているサーボの電源・信号ケーブルはスパイラルチューブでカバーしているが、カバーされていない部分の損傷を確認する。破損箇所を見付けたときはケーブルを交換するか、皮膜をテープで保護する。3 芯ケーブルの場合は、必ず 1 芯ごとにテープで保護して、テープで保護したケーブ

ルは大会が終わったら交換する。ケーブルが損傷する原因になるので、ケーブルの長さ、フレームとの干渉、モーションでケーブルに無理な力が掛からないか確認し対策を行う。

8-8 最後に

　ロボットの製作はオールマイティな機体、特化した機体、何かにこだわった機体等、そのとき作りたいものを思い付いて作るのが楽しみだ。大会の参加に合わせて製作スケジュールを組むと大変だが、参加するごとに少しずつ慣れてくる。大会はできる限り万全の状態で参加できるようにし、終わったあとは問題点を出して次の大会に繋ぐことも大事だ。

9章 連覇するロボットの作り方（コンセプト作りを主に）

この章ではキング・プニというロボットを通じて、「ROBO-ONEで勝つためのロボット作り」について、主にコンセプト作りに焦点を置きながら解説する。

9-1　キング・プニの紹介

まず、キング・プニはどのようなロボットなのかを紹介したい。仕様とこれまでのROBO-ONEでの結果を表9-1にまとめた。図9-1はキング・プニの全身写真である。

表9-1　キング・プニの仕様、戦績

重量	2.982kg	
全長	44cm	
脚長	300mm	
サーボ数	23個	
	サーボ内訳	KRS-4034 15個
		KRS-6003 2個
		KRS-2572 6個
コントロールボード	VS-RC003HV	
構成素材	A2017、A5052、ポリカーボネート、CFRP	
ヒストリー （2018年4月現在）	MISUMI presents 第29回 ROBO-ONE 優勝	
	MISUMI presents 第30回 ROBO-ONE 優勝	
	ROBO-ONE ランキング1位	

図9-1　キング・プニ

9-2 設計コンセプト

本節では、ロボットを製作する上での、設計コンセプトを解説していく。

9-2-1 目的と目標

まず初めにコンセプトを考える前に目的と目標を明確にする。なぜロボットを作るか（目的）と何を目指してロボットを作るか（目標）だ。目的や目標のように、いわゆる目的地が定められていないとロボットの完成像が描きにくくなってしまう。そうならないために目的と目標を定めておく。まずは目的を確認しよう。

ロボットの良いところは自分で製作できるということだ。当たり前だがこれがとても重要なことで、「何のためにロボットを作るか」（目的）に沿ってロボットに自由自在に特徴を持たせることができるからだ。製作者本人の目的に応じたオンリーワンのロボットを作ることができる。

読者のみなさんは「何のためにロボットを作るか」について深く考えたことはあるだろうか。趣味や学校の活動でロボットを作っているといっても、技術の向上なのか、大会での成果なのか、仲間との交流なのか、ロボットの認知度向上なのかなど、目的は人によって多様である。まず自分がロボットを作る目的、何のためにロボットを作るかを見つめなおしてほしい。

次に具体的な目標を定める。技術の向上なら新しい機構やプログラムの導入、大会の成果なら順位や入賞など、できる限り具体的に設定するのが望ましい。目標はコンセプトの方向性の指標になり、励みになるのでぜひとも高く設定していただきたい。

目標が決まれば、そのためにどれぐらいの努力が必要かもおのずと見えてくる。もちろん今回の目標は ROBO-ONE 優勝なのでそれに沿ったコンセプトを考えていく。

9-2-2 自己分析

目標が決まれば次は自己分析を行う。

せっかくロボットを自分で作るのだから「世の中で一番自分に適したロボット」を作りたい。そのためにまず自分自身の技術力や製作環境について把握する。

人には必ず苦手なことがある。しかし、それを補う手段もあるので、活用していく。加工精度に不安があるのならば、できるだけ CNC や既製品を活用できる設計をすればいいし、設計力に不安があるのなら、シンプルで簡単な形のロボットを作ればいい。モーションに不安があるのなら、剛性がしっかりしていてトルク負荷の少ない、モーションを作りやすいロボットを作ればいいし、操縦が苦手なら安定していて動かしやすいロボットを作る。

逆に長所を活かせるロボットを作れば他人との差をつけることが可能だ。自分の短所が隠れ、長所が発揮できるロボットを作ろう。

さらに長所と短所以外に自分の特性を把握することも重要である。

自分の思考や性格を一番理解しているのは自分自身かもしれないが、それがロボットに反映されているかどうかを考えてほしい。例えばじっくり我慢してカウンター攻撃を仕掛けたいのなら、待機状態で安定感のあるロボットのほうが適しているだろうし、相手のロボットより早く攻撃を仕掛けたいのであれば、移動と攻撃が素早いロボットのほうが適しているはずだ。自分が操縦するときの戦略に応じてそれにあった形のロボットを製作したい。

さらに自分のロボット製作への向き合い方によっても変わるだろう。頻繁にロボットの整備や改造をするタイプならば、ある程度簡単な構成でも素早くロボットを仕上げ、その後時間をかけてトライ＆エラーを繰り返せばいい。逆に長期間運用でき、メンテナンスの手間をなるべく省きたいのであれば、多少解体が面倒な形状でも壊れにくいロボットを設計するべきだ。

自分だけの作りやすくて使いやすいロボットを作ろう。

9-2-3　大コンセプト

「目標」と「自分に適した自分だけのロボット」が明確になったところで、「目標を達成するためのコンセプト作り」に入ろう。

コンセプトを立てるときには、大コンセプトと小コンセプトというようにコンセプトの中に優先順位を作ってほしい。まずは大コンセプトからだ。

大コンセプトとは、他のどんな要素を捨て置いても必ず満たしたい絶対条件である。多すぎるとロボットを製作する際の縛りが多くなってしまうので2〜3個ほどに収めておこう。基本的にそのロボットの「強み」に直結するものが望ましいが、見た目を最重要視していたり、新しい機構の導入などが目的ならそれらは大コンセプトに含まれる。ロボットを作る上で絶対に譲れないものは大コンセプトとして掲げておく。

ロボットが完成したとき、大コンセプトが満たされていなければ元々作りたかったものが作れていないということなので、はっきり言って失敗作になってしまう。のちのモーションまでを含めた全工程で、ここで決めた大コンセプトがしっかり満たされているかを幾度となく確認しながら製作していこう。

9-2-4　小コンセプト

小コンセプトは大コンセプトほどではないが満たしたい条件のことだ。大コンセプトが must ならば小コンセプトは have to のようなイメージで考えて欲しい。

大コンセプトを実現するための細かな要素はここで決めておこう。他にもこんな攻撃がしたい、こ

んな移動がしたい、こんな立ち回りがしたい、このパーツは軽く作りたい、ここは強度を持たせたいなど、満たしたい条件を思い付く限り挙げて欲しい。

このときに考えた条件をすべて満たしたロボットを考えてみよう。それがあなたにとっての理論上最高のロボットだ。

しかしここで気を付けて欲しいことがいくつかある。

1　大コンセプトの邪魔をしていないか

先ほどから繰り返しているように優先度は大コンセプト＞小コンセプトだ。

小コンセプトを実現するにあたり、大コンセプトで決めたことが脅かされてはならない。もし大コンセプトと小コンセプトが逆転していれば、小コンセプトの要求レベルを下げるなどして対処しよう。

2　自分に向いているか

9-2-2項で自己分析を行ったが、そのときに見えてきた自分の特性と機体の特性がマッチしているか、その機体は自分の長所を活かして短所を補えるように作られているかに気を付けてほしい。

小コンセプトを考えるとき陥りやすい失敗が「○○（機体名）みたいな攻撃がしたい」のように、他のロボットを参考にした何かを実現しようとすることだ。他のロボットを参考にするのは非常に大切なことだが、それが自分のロボットにとって最適解かどうかは別の話だ。

もちろんそれが自分のロボットの大コンセプトや、自分の特性とマッチしているのであれば問題ないが、そこに疑問符が付くようなら別の参考例や自分のオリジナルの何かを探すべきだろう。「自分に適した自分だけのロボット」を作ることを心がけよう。

3　試合に勝てるか

今回の目標はあくまでROBO-ONE優勝だ。今構想しているロボットでそれが可能かを考えてほしい。

コンセプトを作っている段階で、そのロボットはあなたの理想のロボットのはずだ。いわゆる「ぼくのかんがえたさいきょうのろぼっと」の状態。ここから下がることはあっても上がることはないのだ。

つまり現段階で優勝へのビジョンが見えないロボットが優勝することはない、といっても過言ではないだろう。奇跡の連続で手にした優勝ではなく、明確に手繰り寄せた優勝を狙いたい。そのために現段階で優勝へのビジョンが見えないならば、大コンセプトから見直す必要があるかもしれない。

少なくとも前回大会優勝ロボットから、最低でも1ダウン取るイメージが持てるレベルには仕上げておきたい。

4　実現可能か

　理想のロボットを誰でも簡単に作ることができれば、このような本が出版されることはなかっただろうし、あなたがこの本を手に取ることもなかっただろう。

　小コンセプトの中に、あなたが簡単に実現できることと簡単には実現できないことがあるはずだ。問題となるのは当然、簡単には実現できないこと。ここにどういった折り合いを付けてロボットを製作していくかが鍵となる。

　スキルアップし実現可能にするのか、自分の能力で実現できるところまで要求レベルを下げるのか判断しなくてはならない。業者や他人の力を借りるのも1つの方法だろうし、時には諦めることも必要かもしれない。どういう選択をするにせよ、実現不可能な要素をそのままにし、ロボット製作を続けるのは避けてほしい。その時間があれば他の要素の精度を上げるために使いたい。掲げた小コンセプトが今の自分に実現可能かをしっかりと見定めてほしい。

9-2-5　設計コンセプトの考え方、まとめ

　ここまで長々と書いてきたが、上記4項目に沿って機体を考えれば「実現可能で」「優勝のビジョンが見える」「自分だけのロボット」のコンセプトが完成するのではないだろうか。

　自分の理想のロボットが製作できればそれは開発者冥利に尽きるだろう。

　そのためにまずはコンセプトから。「自分だけのロボット」でROBO-ONEを楽しもう。

9-3　キング・プニのコンセプト

　9-2節で述べたコンセプトの考え方に沿って、実際のキング・プニ製作時のコンセプトを紹介していく。

9-3-1　目標と自己分析

　まずは目標を決め、自己分析をしてみよう。

目標

　第30回までにROBO-ONE優勝

自己分析

- 加工
  経験が浅く不器用なので、手作業のレベルはかなり低いという自覚があったが、大学にCNCがあり、基本的にCNC加工することで解決できたので「△」。

- 設計
  CADを初めて触ってから1年半しか経っておらず経験が浅い上に、そもそも当時CADが好きではなくあまり触っていなかったので「×」。ROBO-ONE参加者の中でも設計技術はかなり低かったように思う。

- モーション
  設計とは逆にモーション製作は楽しんでやっていた。設計を勉強する前から、市販のロボットでモーション製作にいそしんでおり、当時も自信があったため「○」。

- 操縦
  開発を始めた当初は前攻撃でのバトル経験がほとんどなく、とても不安だった。ただ、横攻撃が可能な試合での操縦はそれほど下手ではなかったので「△」。

- 自分の特性
  1 改造に時間を使うよりもスパーリングに時間を使いたい
  2 設計が苦手
  3 モーションが得意
  4 相手の攻撃の距離を見切るのが得意

9-3-2　キング・プニの大コンセプト

大コンセプトは2つ決め、製作中必ず意識し続けた。

1 剛性がしっかりとしていて試合中に絶対に壊れないロボット

このコンセプトを決めたのは、以下の3つの理由による。

- 現在の形のキング・プニを作る前の機体がとても壊れやすく、モーション製作時間より板金の削り直しやねじ締めの時間が長くなって、ろくにモーションが作れなかったので同じ失敗をしないようにするため

- そもそも勝利のための絶対条件は、試合開始でコートに立ち、試合終了まで壊れないで立ち続けることであるため
- バトル経験の浅さを解消するために、各地の練習会でスパーリングを多く行う予定だった。そのときに遠征先でロボットが壊れないようにするため

2　現存するすべてのロボットに対して有効な攻撃を持つロボット

当然優勝するつもりだったので、参加しているどのロボットと戦っても勝つ必要があった。言い換えると勝てない相手、つまり天敵が存在しないロボットを作りたかった。そのため、少なくとも今存在しているすべてのロボットに対して、1つは有効になる攻撃を持っているロボットを作る必要があった。

9-3-3　小コンセプト

小コンセプトについては、わかりやすいようにハードウェアとソフトウェアに分けて記載する。項目が多いので箇条書きで書き、なぜそう考えたかの理由やポイントも簡単にまとめている。

ハードウェア（全身部分）

- 変に工夫せずにシンプルな構成にする

    設計力に自信がなかったため、できるだけ簡単に設計をしたかった。
    設計に時間をかけると集中が続かなくなる傾向があったので、作業が遅れていくのが予想された。そのため、早く設計を終わらせる必要もあったので簡単な設計にした。

- 規定で決められた数値はギリギリまで長くする

    規定で制限されているということは、裏を返せば制限を設けなくてはならないほど強さに影響する部分ということ。強いロボットを作るため、規定はギリギリまで攻めた。
    キング・プニは、リーチのある攻撃をするために腕の先端がROBO-ONEルールの「脚の長さの120％」ギリギリになるように設計してある。

- 重心はできるだけ低くする

    転倒しにくくするため。転倒しやすいロボットだと予選突破すら難しくなってしまう。

- 身長は高すぎないようにする

    これも転倒しにくくするためである。背が高いと、腕や脚も長くできるが、倒れたときにかかる負荷が大きくなり壊れやすくなる。

また、低い身長のロボットが相手でも攻撃できるようにするためにも、重心は高すぎないほうがよい。

- 出っ張っている部分を少なくする

  相手に攻撃されたときに、相手のハンドなどが引っかかって、倒されないようにするためである。倒れたり、相手ロボットに絡んだときに壊れそうな部分はなるべく少なくする。

- 軽めに作る

  重量オーバーした場合は設計を変更するなど、製作工程を巻き戻してやり直すことになるが、軽い場合は重りを載せるなどで対処でき、重心位置の調整などもできる。
  また、軽いロボットのほうが動かしやすく、壊れにくいという利点もある。

ハードウェア（脚）

- トルクを過剰気味にする（ピッチ間を短く）

  急な方向転換などをした場合でも、トルクが負荷に負けてレスポンスが下がらないようにするためである。サーボのギアが割れる頻度も、ピッチ間が短くなれば減ると考えられる。図9-2〜9-5 で詳しく説明する。

  図9-2→図9-3 はアイドリング状態から左移動（キング・プニから見て）をしたときの状態である。

  図9-4→図9-5 は、右歩行中に急に左移動のコマンドを入れて方向転換をしたときの状態である。

  図9-4、図9-5 では右足に体重が乗っている上に、機体が移動しているので、慣性の法則により、方向転換時の右足にかかる負荷は図9-2、図9-3 の静止状態よりはるかに大きいはずだ。加えて相手に接触している状態だとさらに大きい負荷がかかることも想定される。

  負荷のかかる状態でも満足に移動できるように、アイドリング状態の移動から考えるとサーボトルクが過剰気味なぐらいで設計しておこう。

9章 連覇するロボットの作り方（コンセプト作りを主に）

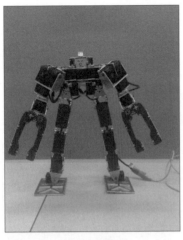

図 9-2　アイドリング（静止）

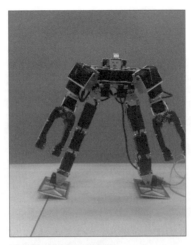

図 9-3　静止後の左歩行

図 9-4　右歩行

図 9-5　右歩行後の左歩行

- ガタを少なくする

    ガタが多い（剛性が足りていない）機体は、モーションの再現性が低くなり、操縦が難しくなる。ガタが少ないと安定して歩行できるという利点もある。

- 軽く作る

    末端や可動部は軽いほど重心のブレが少なくなり、安定して動く機体になる。

ハードウェア（胴体）

- 頑丈にする

キング・プニが転倒したときに、一番最初に地面にぶつかる部分は胴体である。壊れる可能性が大きいと思われるので、できるだけ頑丈にしたい。

- 小さくする

  重心が高くなりすぎないようにするには、胴体は小さいほう（軽いほう）がよい。また、小さく作ったほうが壊れにくい。

- コントロールボードの配置は工夫する

  コントロールボードはアクセスしやすい場所に配置しておくと、とっさのときの整備がとてもしやすくなる。

ハードウェア（腰）

- 頑丈にする

  人間も腰にはかなりの負荷がかかっているので、人型ロボットも同じように、腰にかなりの負荷がかかっていると考えられる。つまり、上半身と下半身の接続部分でかなりの負荷がかかると考えられる。そのため、腰の部分は頑丈にしたほうがよい。

ハードウェア（腕）

- 多彩な攻撃ができる

  「現存するすべてのロボットに対して有効な攻撃を持つロボット」という大コンセプトの実現のために必要である。多彩な攻撃ができれば、多くの相手の弱点をつくことができる。

- 軽くする

  脚と同じで、末端や可動部は軽いほど重心のブレが少なくなり、安定した機体になる。

- 片側フリー軸を付ける

  カウンターで腕を攻撃された場合、片側フリー軸にしておくと、相手の攻撃の力をうまくいなすことができる。これによって腕を狙ったカウンターを受けにくくなる。フリー軸の詳細については 9-4 節で説明する。

- 相手ロボットと絡まない形状にする

  攻撃を仕掛けたときに相手ロボットに絡まって一緒に転ぶのを防ぐ。

- 攻撃を仕掛けたときにトルク負けしないようにする

攻撃がうまくいったときに、ちゃんと相手を倒すことができるように、トルク負けをしない構成にする。

ソフトウェア（移動系）

- ブレなく素早く確実に前後左右歩行ができる

　歩行の速さと安定性はバトルの結果に大きく影響を与える。バトル中に一番多い動作は位置取りのための移動である。これが満足にできないとバトル中常に後手にまわることになり、不利になる場合が多い。

- 旋回は同軸上を小刻みに速く動くようにする

　理想をいえば360度どの位置でも思い通りに止まれるようにする。さすがに1度単位の調整はできないと思うが、できる限り小刻みに止まれるようにしたい。

　旋回中に前後や横に移動してしまうと、攻撃の距離感が測りづらくなるので、同軸上で行うようにする。また、一度に180度旋回する状況はほとんどないので、45度範囲を素早く小刻みに旋回できるようにする。

- 勢いでなく「一歩一歩」歩くようにする

　慣性の勢いに任せて動いている横歩行のほうが速く見えるが、勢いが殺しきれずにしっかりと止まれない場合も多い。安定して動きたいので確実に一歩ずつ歩きたい。

　一歩一歩勢いに頼らずに歩行すると重心のブレが少なくなるので、急な方向転換や攻撃をしても転倒せずに動き続けることができる。

ソフトウェア（攻撃）

- 速い攻撃とリーチの長い攻撃の2種類を作る

　カウンターやとっさのときにすぐ出せる技と、膠着状態のときに相手のリーチ外から飛び込める攻撃を作る。2種類の速度、距離を使い分けられる攻撃があると、相手が警戒しなければならない技が増えて、試合を有利に運べるようになる。

- 当てたら絶対倒せる攻撃技以外は作らない

　人対人と、人型ロボット対人型ロボットの大きな違いの1つにパワーの差がある。

　ロボットは片腕で相手を持ち上げるほどのパワーを持っているのだから、1回の攻撃で相手からダウンを取るべきである。パンチによるダメージの蓄積のようなものは、ロボットバトルではほとんど存在しないので、ボクシングのジャブのような連打攻撃はあまり意味をなさない。

　1回の攻撃でアイドリング状態の相手を倒せない攻撃は、ボタン配置、データ容量、思考速度

どれをとっても無駄にしかならないので、攻撃のレベルを上げるか、コントロールボードに書き込まないかのどちらかを選ぶべきである。

ソフトウェア（起き上がり）

- 確実に起き上がる

    ROBO-ONE では当たり前のことだが、確実に起き上がることはかなり重要である。どんな強いロボットも起き上がれないと負けてしまう。

    バトル中にどんな姿勢で倒れても、コマンド1つで確実に起き上がることができれば、起き上がる動作の途中に、バトルの立ち回りを考えたり気持ちを落ち着かせたりできる。試合中起き上がりに気を使わなくてもいいようにするべきである。

- アプローチの違う2種類の起き上がりを作る

    サーボの出力低下や、試合続行が可能なレベルのパーツ破損などのときに、起き上がれるモーションを用意しておく。具体的には逆の腕での起き上がりや、腰を回さないで起き上がるといったモーションだ。

    ダウン中にタイムは取れないが、起き上がったあとならタイムを取って修理することが可能。機体が破損していても起き上がれば修理ができるので、どんな状態でも起き上がれるようにしておいたほうがよい。

ソフトウェア（アイドリング）

- 相手が攻撃しにくいポーズにする

    アイドリングは、相手に戦いにくいと思わせるのが一番のポイントである。攻撃時に狙われるポイントをできるだけ減らすという意味もある。

- 移動モーションの予備動作のような形にしない

    歩行モーションの前に、股を閉じたり膝を伸ばすなどの予備動作があって、機体のレスポンスが下がっているロボットは、はっきり言ってあまりバトルに向いていない。予備動作をしている間にも相手は動いているので、予備動作から次の行動が予測されてしまう。予備動作なしですべてのモーションに移行できるようなアイドリングにする。

- 重心が安定している

    アイドリング状態で前後左右どちらかに重心が寄っていると、歩行や攻撃などのモーションから急にアイドリングに戻ったときに転倒しやすい。アイドリング状態では、重心は低く、機体の中心にあるようにする。

もちろんこれらの小コンセプトは大コンセプトありきで考え、中には大コンセプト実現のため、諦めたものもいくつかある。

繰り返しになるが、当初決めた形が崩れないように大コンセプトを確認しつつ、小コンセプトを考えていただきたい。

9-4 キング・プニのハードウェアの作り方

次はキング・プニを製作するにあたってハード面で特に工夫した点やこだわりなどを紹介していく。

9-4-1 片軸の部分は軸受で保護する

キング・プニは腰ヨー軸や肩ピッチ軸、肘ヨー軸のような、片軸になる部分は軸受を作りサーボの保護をしている。

図 9-6 キング・プニの肩部分

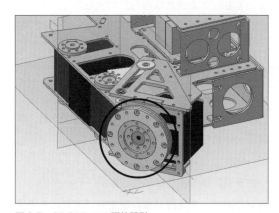

図 9-7 3DCAD での胴体設計

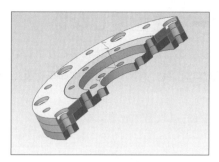
図 9-8　3DCAD 軸受け①

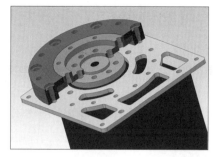
図 9-9　3DCAD 軸受け②

　図 9-6 〜 9-9 のように、スラスト方向、ラジアル方向ともにホーン（サーボの出力軸）に対してあまり負荷のかからない形状にしている。この形状にすることで、よりギア割れやサーボケース割れを防いでいる（キング・プニは軸受けを採用している方軸の部分が肩、肘、腰の 5 ヵ所あるが 1 年半の間どこも破損したことがない）。

9-4-2　脚のベアリング

　キング・プニは可動軸の部分はベアリングを採用している（図 9-10）。

　POM 製のブッシュでは 3kg 級のロボットをハードに動かす場合、強度や摩耗性を考慮に入れると少し物足りない。少し値段は高くなってしまうがしっかり使えば十分な恩恵は得られるはずだ。

図 9-10　キング・プニの脚

9-4-3 可動部分にできるだけサーボを配置しない

腕先などにサーボ（などの重いもの）を配置していると、その部分を動かしたときに重心がブレやすくなる。できるだけブレの少ない機体が望ましいので可動部などには、あまりサーボなどを配置しないように工夫している。

上から肩ロール軸、肘ヨー軸、肘ロール軸のサーボをアルミフレームで固定している。

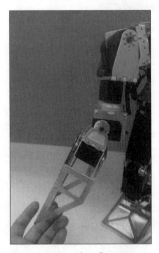

図9-11 キング・プニの腕

9-4-4 フリー軸

ROBO-ONEにおいてよく見る光景に、攻撃を外したときに無防備に伸び切った腕をすくわれるという状況がある。また、攻撃後、腕を下ろすときにカウンターで相手にすくい上げられダウンを取られることもある。

キング・プニはその場合の対策で、肘のサーボが片方向に対してのみフリー（保持力を持たない）になっている。

 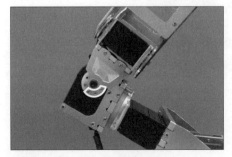

図9-12 フリー軸（上方向にフリー）①　　**図9-13** フリー軸（上方向にフリー）②

図9-12、図9-13で動いている可動域部分はフリーとなっている。図9-12のときは下方向にロックがかかっており、腕先が下には行かないが上方向にはフリーになっていて、下からすくい上げられると腕先が上に逃げるようになっている。

さらに図9-14、図9-15のように付け根のホーンを動かすことにより、フリーになる可動域を変更することができる。

これにより、フリー軸においても、任意の方向に対して力をかけることが可能になっている。

図 9-14 フリー範囲の可動①

図 9-15 フリー範囲の可動②

9-5　キング・プニのソフトウェアの作り方

キング・プニのソフトウェアの作り方と題したが、キング・プニのモーションの中でも特に調整が難しくROBO-ONEでも有効であった、踏み込みすくい上げのモーションを解説する。

9-5-1　モーションの狙い

バトル中に相手のリーチの外から飛び込んで攻撃できるモーションとして製作した。

片足を大きく前に踏み出し前方向への距離を稼ぐとともに、相手を持ち上げたときに前側の足で踏ん張れるようにした。

実際のモーションのポーズスライダーごとにコマ送りにして動きを解説する。

9章　連覇するロボットの作り方（コンセプト作りを主に）

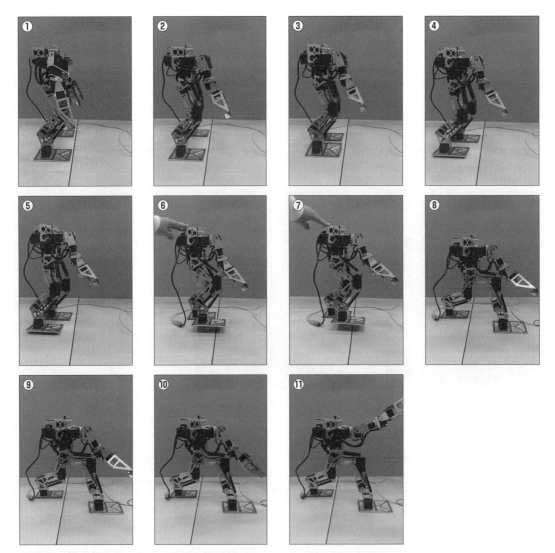

図9-16　「踏み込みすくい上げ」を横から見た場合

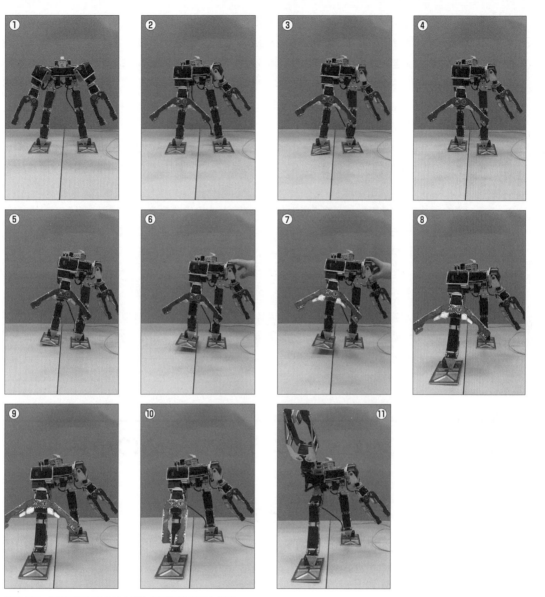

図 9-17　「踏み込みすくい上げ」を正面から見た場合

1　アイドリング
2　腰を回す（攻撃するときに回転するのではなく前方向に進みたい。不安定な片足立ちのときに腰を回すと回転方向の力により機体が大きく回ってしまう。攻撃時にしっかり前に跳べるように先に腰を回しておく）
3　脚を閉じる（5のときにできるだけ機体の真後ろを蹴ることができるようにする）
4　右足を後ろに出す

5 右足を少し伸ばし、地面を蹴りつつ左足に体重を乗せる(後ろを蹴ることにより前方向へ機体を傾けつつ、6で右に転倒しないように左に重心移動)

6 右足を浮かせる(大きく浮かせると脚のサーボを動かすことで、その分の慣性も大きくなるので地面に沿わせるイメージにする)

7 左足の上側のピッチ軸のみを、脚を伸ばす方向に動かす(このモーションにおいてここが肝。イメージでは機体を前に突き出して前に跳ぶ)

8 一気に踏み込む(踏み込むと書いたが7で前に跳んだあとの前方向への慣性を、8の右足で踏ん張って保持する。7でうまく跳べていれば、8のときの左足はアイドリング時の場所よりも前に進んでいるはず)

9 バランスを保持する(9のポーズ時点でのバランスをとるのではなく、11で腕+相手の機体を持ち上げて負荷がかかったときに転倒しないようなバランスをこのときに作る)

10 はさむ(このときに相手のどの部分をはさむのかをはっきりさせておく)

11 持ち上げる

もちろんこの作り方がすべてではない。ただ、キング・プニ以外の3kg級のロボット3台で、同じ理論を用いて踏み込みすくい上げを製作したことがあるが、どれもしっかりと踏み込むことができた。1つの例として参考にしてほしい。

9-6 キング・プニ 勝つための小ネタ

9-6-1 ケーブルの配線とテープ

近藤科学のサーボ、KRS-40XXシリーズはケーブルが抜き差しできるようになっている。

機体のメンテナンスや修理時は非常に便利なのだが、ケーブル自体が抜けやすく試合時に抜けてしまうことも少なくない。

そこで、キング・プニでは、ケーブルが抜けないようにテープを活用している。テープはアセテート布粘着テープを使っている。

テープもサーボケースも黒色なので写真では少し分かりにくいが(図9-18、9-19)、ケーブルを差したあとに、上からコネクタ部分を覆うようにテープを貼っている。

9-6 キング・プニ　勝つための小ネタ

図 9-18　配線とテープ腕部分

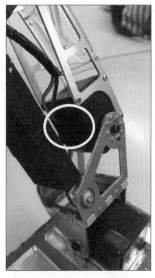
図 9-19　配線とテープ脚部分

こうすることにより試合中にケーブルが引っかかって抜けてしまうのを防止している。

他にも、サーボに沿ってケーブルをテープで固定することで、簡単に配線をまとめることができたり、板金とこすれてしまうような場所のケーブルをテープで覆うことで、被覆剥けを防げるなど配線においてのテープの使いどころは非常に多い。

私が使用しているテープを紹介しておく。

商品名：アセテート布粘着テープ

販売元：nitoms

特　徴：手切れ性があり柔軟性に富む。絶縁性も高い。剥がしたあとにテープ痕が残らないなどとても優れた作業性を持つテープ。

図 9-20　アセテート布粘着テープ

209

9-6-2　ZH コネクタのホットボンドで接着

　近藤科学のサーボ、KRS-25XX シリーズのケーブルには ZH コネクタが使われている。このコネクタがそもそも小さいのと、KRS-25XX に同梱されているケーブルが比較的固いのが相まって、根元からちぎれやすくなっている。

　それを解消するために、キング・プニの ZH コネクタはホットボンドで補強している。ケーブルとケーブルの隙間を埋めるようにホットボンドを流し込み、その後コネクタ端子とケーブルを覆うように接着する。

　そうすることにより、ケーブルの根元が固定され、力がかかったときにケーブルの根元ではなく、ホットボンドで接着した部分付近に力を逃がすことができるので、体感ではあるが断線の可能性がかなり減る。

図 9-21　ZH コネクタをホットボンドで接着

9-6-3　スポンジで衝撃吸収

　キング・プニは転倒したときに一番に地面に当たる部分に、衝撃を吸収するためのスポンジを付けている。3kg の物体が倒れたときにかかる負荷はかなり大きなもので、そもそも倒れるのは大前提で製作しているのだから、何かしらの工夫はしておきたい。

　ほんの数グラムで機体の破損確率が下がるのでぜひ推奨したい。

9-6-4　ホーンを六角ねじで固定してガタを消す

　この項目に関してはなぜそうなっているのかもあまり理解できていない上に、正しい製品の使い方ではないかもしれないというのを最初に断っておく。

　キング・プニでは近藤科学のアルミローハイトサーボホーンを、KRS-40XXシリーズやKRS-25XXシリーズといったサーボに固定するときに、一般的に使われているであろうプラスねじではなく、六角のキャップねじを使っている。理由はプラスねじと比べ、かなりのトルクをかけてねじを締めることができるからだ。六角棒レンチを使い増し締めすると、サーボのガタが大幅に減るのだ。だまされたと思って一度試してみてほしい。

　キャップ分の重量や、突起物による引っ掛けられやすさなどのデメリットなどもあるが、それを十分に補えるだけのメリットは得られるはずだ。

図9-22　ホーンに六角ねじでガタ消し

9-6-5　ねじロックは絶対に使うこと

　動作中にロボットからねじが落ちるのはナンセンス。組み立て時にねじロック剤を必ず使うべきである。

　ねじが落ちる（緩む）というのは締結部分が1ヵ所外れるということなので、たとえ部品が落ちなくても機体の剛性の低下や板金への負荷の増加など、何ひとつ良いことはないはずだ。乗っている車や電車のねじが落ちたら誰だって不安で乗りたくないだろう。

9章　連覇するロボットの作り方（コンセプト作りを主に）

せめて自分が作っているロボットは安心して動かせる機械にするべきだ。

9-7　あとがき

　キング・プニを製作するにあたって、ROBO-ONEでこれまで使われてきた技術を使っており、新しい技術というのは1つもない。はっきりいえば他の機体より特別優れているという部分もほとんどないと思う。

　ただ勝つこと、ROBO-ONEで優勝することを目標にコンセプトを練り、それに忠実に作り上げたロボットがキング・プニだ。

　みなさんも興味を持ったなら、コンセプトに沿った自分だけのロボットを作ってほしい。

　そのロボットはきっとあなたを目標の先に連れていってくれるだろう。

10章

ロボットに多彩な動きをさせる：
―メタリックファイターでのモーション作り―

本章ではロボットを動かすために必要なモーションの作り方について解説する。筆者が作っているメタリックファイターは第2回ROBO-ONEで誰よりも先に「起き上がりモーション」を実現したことで優勝している。最近では強力な「パンチモーション」を武器に好成績を収めている。本章ではメタリックファイターを例にとってロボットの動きを作り出すモーションの作成方法について、①モーションの考え方、②モーションの作成方法、③効果のある攻撃モーションの作り方、④モーションのシーケンス、⑤コントローラの割り当て、の順で解説する。

10-1　モーションの考え方

10-1-1　モーションとはロボットの動きのこと

　モーションとは「歩行」「パンチ」「起き上がり」「挨拶」などのロボットの動きのことである。モーションはロボットの性能や個性を決める大切な要素である。市販品の同じロボットでもモーションの作り方によって「戦闘系ロボット」「癒し系ロボット」など全く違ったタイプのロボットを作ることができる。モーションの作り方をマスターして個性あふれるロボット作りにチャレンジしてほしい。

ロボットの構造

　それではモーションはどのようにして作るのだろう。それを理解するためにはロボットの構造を知る必要がある。ロボットはサーボモータとサーボアームの組み合わせでできている。図 10-1 がメタリックファイターの全体像である。ROBO-ONE 第 1 回大会から参加している数少ないロボットである。シンボルである頭部のライトと胸プレートは誕生してから 15 年間変わっていない。メタリックファイターは相手を掴むことができる腕を使って多彩なモーションを実現している。

　内部構造がわかるように道着を脱がした状態が図 10-2 である。黒い部分がサーボモータで銀色の部分がサーボアームである。サーボモータの数は全部で 23 個。多彩なモーションはこれらのサーボモータを動かすことによって実現している。

図 10-1　メタリックファイターの全体像

図 10-2　メタリックファイターの内部構造

10-1-2　ロボットを構成する基本部品はサーボモータとサーボアーム

　ロボットはサーボモータとサーボアームの組み合わせでできている。サーボモータは図 10-3 のような外形をしている。サーボモータはコントローラから制御できる回転軸を持っており、コントローラから指示された角度に回転軸を正確に回転させることができる部品である。

　サーボアームは図 10-4 のようにサーボモータの回転軸に取り付けられたフレームのことである。制御用のコントローラから角度を指示すると、図 10-5 のようにサーボモータの回転軸と共にサーボアームは回転する。この構造は人の関節と骨の構造に似ている。ロボットはサーボモータとサーボアームを基本部品とし、基本部品を組み合わせることで複雑な動きを実現している。

図 10-3　サーボモータ (近藤科学 KRS4000 シリーズ)

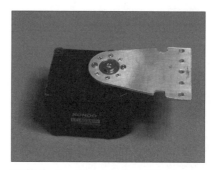

図 10-4　サーボモータ＋サーボアーム

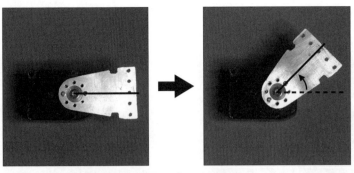

図 10-5 サーボに取り付けられたサーボアームの動き

10-1-3 基本部品を組み合わせて直線運動を作る

　基本部品が 1 つの場合サーボアームの先端の動きは弧を描く動きとなるが、基本部品を複数組み合わせることによって複雑な動きを作り出すことができる。図 10-6 のように、基本部品のサーボアームの先端にもう一組の基本部品を取り付けた場合について考えてみよう。

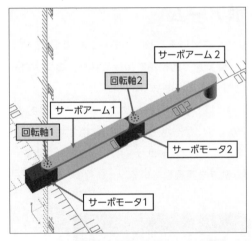

図 10-6 基本部品を 2 個組み合わせたリンク機構

　基本部品 1 の回転軸を反時計方向に 0 度、−30 度、−60 度、基本部品 2 の回転軸 2 を時計方向に 0 度、60 度、120 度と回転させると図 10-7 のように基本部品 2 のサーボアームの先端の動きは直線的な動きになる。このように基本部品が 1 つのときはサーボアームの先端は円運動しかできなかったのに、基本部品を組み合わせることによって直線運動ができるようになった。このように基本部品を複数組み合わせることで複雑な動きを実現できるようになる。

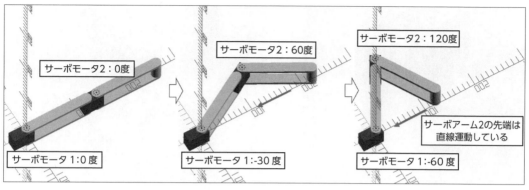

図 10-7 基本部品を 2 つ組み合わせた場合の動き

10-1-4 サーボモータを組み合わせて様々な姿勢を生み出す

　メタリックファイターの場合は全部で 23 個の基本部品で構成されている。これらのサーボモータに色々な角度を指示することによって様々な姿勢を生み出している。具体的にどのような姿勢が作れるか紹介する。図 10-8 が構えの姿勢、図 10-9 が待機の姿勢、図 10-10 が右ストレート、図 10-11 がダブルアッパーの姿勢である。このようにロボットは基本部品の組み合わせでできており、その組み合わせの角度を変えるだけで様々な姿勢を作り出すことができる。

図 10-8 構えの姿勢

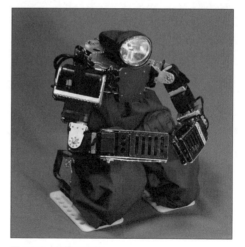

図 10-9 待機の姿勢

図 10-10　右ストレートの姿勢

図 10-11　ダブルアッパーの姿勢

10-1-5　姿勢を連続的に変化させることでモーションが生まれる

　色々な姿勢を作ることができるようになったので、次はモーションについて解説する。

　ロボットの動きであるモーションは姿勢を連続的に切り替えることによって実現する。パラパラ漫画の原理である。テレビも似た原理で1秒間に60枚の静止画を連続的に再生することで動きを実現している。ただしデータの作り方がテレビの場合と少し違う。テレビの場合は1秒間に60枚の静止画をすべて用意するが、ロボットの場合は重要な姿勢のみを用意すれば、その途中の姿勢は制御用のコンピュータが自動的に補間して作り出してくれる。この仕組みを利用することによって、ポイントとなる姿勢だけを用意するだけで簡単に複雑なモーションを作ることができる。

　メタリックファイターの起き上がりモーションを例にとって具体的に説明する。

　図10-12が仰向けに倒れたときの起き上がりモーション、図10-13がうつ伏せに倒れたときの起き上がりモーションである。それぞれのモーションは6つのポイントとなる姿勢でできている。初めの4枚は足裏に重心を乗せるための姿勢で、あとの2枚はしゃがんだ状態から立ち上がるための姿勢である。この6つの姿勢を作るだけで、その途中の姿勢は制御用のコンピュータが自動的に作ってくれる。あとはモーションエディタを使って6枚の姿勢を順番に指示するだけでロボットは倒れている状態から起き上がるモーションが完成する。

10-1 モーションの考え方

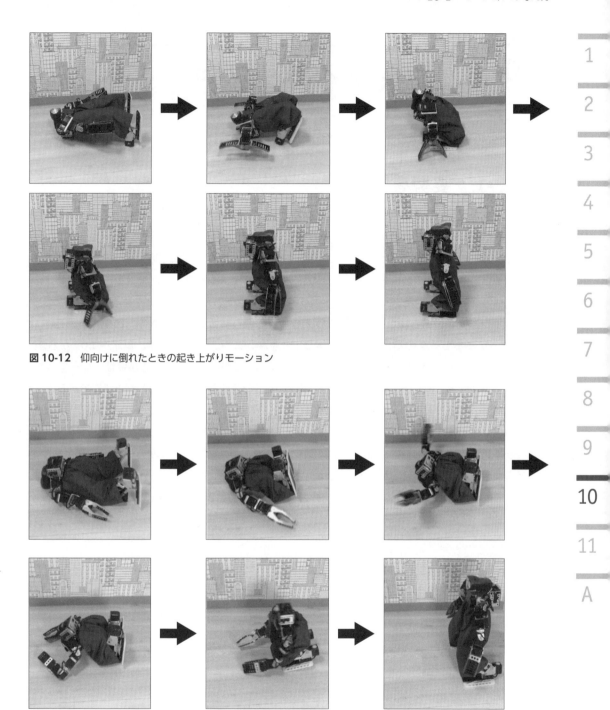

図 10-12 仰向けに倒れたときの起き上がりモーション

図 10-13 うつ伏せに倒れたときの起き上がりモーション

10-2 モーションの作成方法

具体的にモーションを作ってみよう。今回は近藤科学から販売されているモーションエディタであるHeartToHeart4（3章参照）を例にとって説明する。

10-2-1 姿勢を作る

モーションは姿勢を連続で再生したものである。HeartToHeart4の場合は図10-14のように1つの四角い箱が1つの姿勢を表している。この箱をクリックすると図10-15の姿勢エディタが開く。姿勢エディタの中の四角い箱は各サーボモータに対応していて、箱の中の数値がサーボモータの回転軸の角度を表している。この数値を変えることによって色々な姿勢を作ることができる。

具体的に挨拶モーションを作ってみよう。図10-15のように構えている姿勢を基本姿勢とする。挨拶モーションは基本姿勢と頭を下げた姿勢の2つの姿勢から作ることができる。図10-15が基本姿勢状態でのサーボモータの指示値である。A01〜A04が左腕、A11が左手、B01〜B04が右腕、B11が右手、A06〜A10が左脚、B06〜B10が右脚、A00が頭、B00、B12が腰軸になっている。基本姿勢は足はちょっと開いて軽く膝を曲げ、腕は軽く曲げて重量バランスがとれた状態である。

次はお辞儀の姿勢である。図10-16がお辞儀姿勢のメタリックファイターとそのときのサーボモータの指示値である。基本姿勢との差分はB12の腰のピッチ方向（前後方向）のサーボモータの指示値だけである。腰から上を前方向に曲げて頭を下げた状態を作るために値を0から−1000に変更している。近藤科学のサーボの場合2700で約90度なので、この場合は腰を33度前に倒すように指示したことになる。1ヵ所だけの変更なので基本姿勢をコピーしてきてB12の腰のピッチ軸だけ変更する。

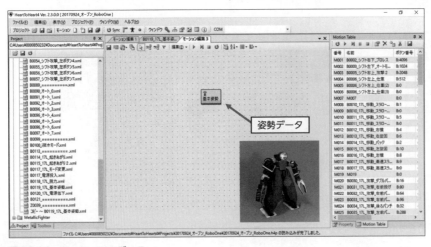

図10-14 モーションエディタ

10-2 モーションの作成方法

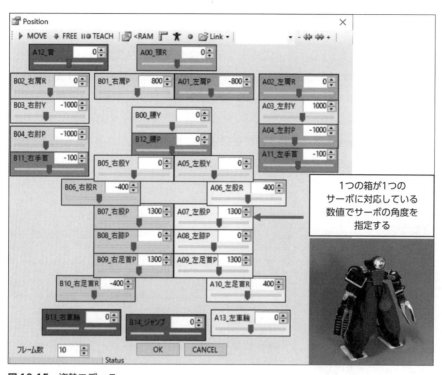

図 10-15 姿勢エディタ

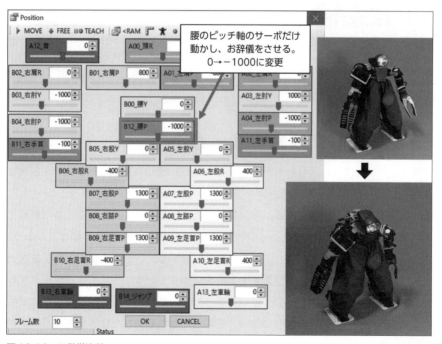

図 10-16 お辞儀姿勢

10-2-2　モーションを作る

　基本姿勢とお辞儀の姿勢ができたので、次にこの2つの姿勢を関連付けてモーションを作る。HeartToHeart4 の場合は図 10-17 のように矢印コマンドを使って四角い箱を矢印で繋ぐだけでよい。このモーションをロボットに搭載した制御用のコントローラに書き込めば、ロボットはお辞儀をするようになる。

　モーション作りはこのように姿勢を作って姿勢と姿勢を関連付けていけばよい。色々な姿勢を作り、それを繋げていけば複雑な動きをするロボットを作ることができる。

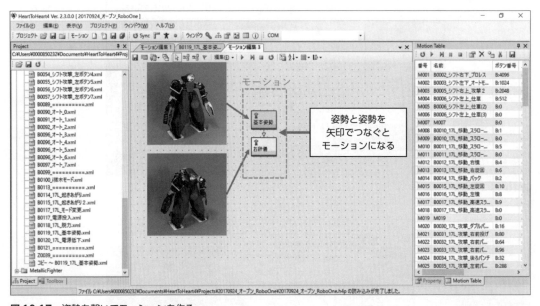

図 10-17　姿勢を繋いでモーションを作る

10-2-3　モーション作成時のルール

　例としてお辞儀のモーションを作った。お辞儀だけさせるのであればこのままでもよいが、色々な動きをロボットにさせるためにはたくさんのモーションを作る必要がある。その際にモーションとモーションの連続性について配慮する必要がある。お辞儀のあと歩行したり、拍手するときにそれぞれのモーションの初めと終わりが違う姿勢だとモーションとモーションが繋がらなくなってしまう。場合によっては次のモーションに移るときにロボットが転倒したりする。このようなことが起きないようにするためにモーションの始まりと終わりは必ず基本姿勢にするというルールにする。そうすることによってモーションとモーションの繋ぎは必ず基本姿勢となるため、色々なモーションを連続的に実行しても矛盾なくスムーズに移行できるようになる。最初だけ基本姿勢または最後だけ基本姿勢というルールでもいいが、慣れるまでは「最初と最後は基本姿勢」というルールをお勧めする。

具体的にお辞儀モーションを改良してみよう。お辞儀の姿勢の流れを

- 基本姿勢→頭を下げる→頭を下げたまま静止する→頭を上げて基本姿勢に戻る

とする。最初と最後の「基本姿勢」「頭を上げて基本姿勢に戻る」は基本姿勢を使い、2番目と3番目の「頭を下げる」「頭を下げたまま静止する」はお辞儀の姿勢を使う。使う姿勢は4個だが、必要な姿勢は2個だけある。それを

- 基本姿勢→お辞儀姿勢→お辞儀姿勢→基本姿勢

と並べ矢印で繋ぐ。図10-18が完成した実用的なお辞儀モーションである。写真のように基本姿勢から始まって、頭を下げたあと基本姿勢に戻っている。こうすることによって次のモーションにスムーズに繋ぐことができるようになる。

モーションの最初と最後は基本姿勢というルールでモーションを作ることをお勧めする。

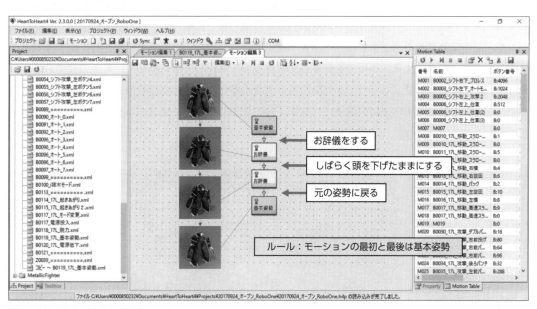

図10-18　実践で使えるお辞儀モーション

10-3　効果のある攻撃モーションとは

モーションの作り方を理解したところで、より実践的なモーションの作り方について説明する。二足歩行ロボットを使った格闘技大会で勝つためには、相手を倒すことができる効果のある攻撃モーションをが必要である。メタリックファイターのパンチモーションをベースに効果のある攻撃モーションの作り方について解説する。

10-3-1　パンチモーション

それではアッパーパンチを作ってみよう。パンチモーションの場合もお辞儀と同じようにパンチ前の姿勢とパンチ後の姿勢の2つの姿勢から作る。最初の姿勢は図10-19の左端のようにお辞儀と同じ「基本姿勢」とする。最後の姿勢は、図10-19の右端の写真のように「腕の振り上げ姿勢」とする。この2つの姿勢の途中の姿勢は2枚目、3枚目の写真のように制御用コントローラに自動的に作ってもらう。「腕の振り上げ姿勢」ができたら実際に動かしてみてビデオカメラを使って手先の軌道を確認する。多くのロボットの弱点は前に飛び出した足の膝と重心位置に近い股の部分である。アッパーパンチはこの2ヵ所を通過するようなパンチ軌道にすると効果的である。軌道がずれている場合は最後の姿勢のほうを修正する。最初の姿勢は基本姿勢なので修正してはいけない。最後の姿勢の手首の角度や肩の角度を少し変えるだけで手先の軌道は大きく変化する。途中に姿勢を追加して軌道を修正する方法もあるが、まずは最後の姿勢だけを修正して理想的な軌道を描くパンチモーションを作ることをお勧めする。

図10-19　パンチモーションを作る

10-3-2 腰の回転軸を組み合わせたパンチモーション

　腕だけを使ったパンチモーションでもペットボトルや動きの遅い相手は倒すことができるが、パンチの切れが足りないため経験豊富な相手の場合、パンチを避けたり防御するため倒すことが難しくなる。切れのある速い鋭いパンチを打つためには腕だけではなく腰の回転軸も使うとよい。

　先ほど作ったモーションに腰の回転を追加してみよう。図 10-20 は真上から見たパンチモーションである。左の写真が最初の基本姿勢である。腰の回転軸は相手に対して平行な状態にある。右上の写真が先ほど作った最後のパンチ姿勢である。これに対して右下の写真が腰の回転軸の動きを追加した最後のパンチ姿勢である。パンチを出した手が前に出るように腰を回転させ、それに伴って手先が相手の中心を狙うように腕の角度を修正している。

　実際に試してみて欲しい。たったこれだけで、パンチの切れ味が増すことを実感できるはずだ。腰の回転角度を大きくすればするほどパンチの切れは増し、離れた相手にパンチを繰り出すことができるようになる。あまり回転角を大きくすると反動でパンチを出したあと倒れやすくなるので注意が必要だ。ROBO-ONE の場合、相手を倒しても自分も一緒に倒れた場合は有効な打撃と認められない。攻撃のあと自分が倒れない範囲で腰の回転角度を調整する。

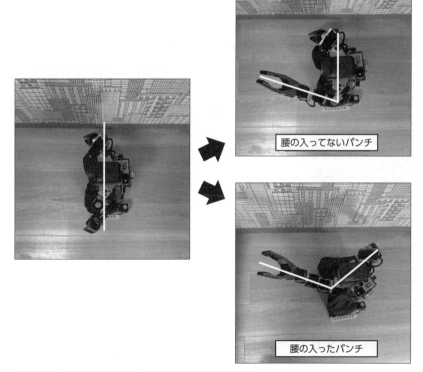

図 10-20　腰の回転軸を使って効果のあるパンチを打つ

10-3-3　足の重心移動と組み合わせたパンチモーション

　腰の回転を追加したことによってパンチの切れがアップしたことを実感できたと思う。もっと効果のあるパンチにするためには、足の動きも追加したパンチモーションにする。足の使い方には2つの方法がある。1つは足を使って前方向へ重心移動を行いパンチに体重を乗せる方法である。もう1つは曲げていた足を伸ばすことでパンチの威力を増す方法である。この2つの方法はとても効果がある技術であるが、タイミングやバランスの調整が難しい技術でもある。重心移動や足を伸ばすことによってその勢いで転倒してしまうリスクが高くなるからである。先に述べたように攻撃したあと自分も倒れてしまうとスリップ判定になってしまい有効な攻撃として認められない。倒れないようにするためにはパンチを出したあと反動をキャンセルする姿勢が必要になる。

- 基本姿勢→腕の振り上げ姿勢→重心安定姿勢→基本姿勢

という構成にするとよい。「重心安定姿勢」は使用しているサーボの種類や、手先の重さ、足の裏の形状、パンチのスピードなど様々な要因が影響してくるのでじっくりと調整する必要がある。しかしながら強いロボットを作るためには足を使った「重心移動」と「伸び」は不可欠なことなのでチャレンジして欲しい。

　図10-21がメタリックファイターの「腕の振り上げ姿勢」である。垂直方向に対して20度くらいの前傾姿勢にして手先に体重を乗せている。また膝の曲げ角度も「基本姿勢」では100度だが「腕の振り上げ姿勢」では110度に伸ばして、足のサーボの力を手先に伝えている。この2つの工夫で効果のある強烈なパンチ力を生み出すことができている。

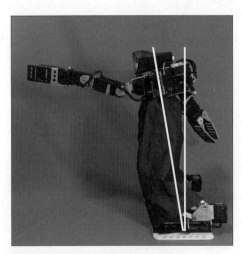

図10-21　足の重心移動と伸びで効果のあるパンチを打つ

10-3-4 足裏をフルグリップ化

　効果のあるパンチを打つために、もう1つ重要なノウハウがある。それは足裏のグリップだ。全身のサーボを使って切れのある重いパンチを繰り出しても足裏が滑ってしまってはその威力は半減する。相手にパンチが当たった瞬間、自分が後ろに下がってしまうためだ。相手を倒せるパンチにするためには、パンチ力に見合った足裏の踏ん張りが必要になってくる。ロボットと地面の接点は足裏だけなので、効果のあるパンチを繰り出すためには足裏のグリップ力を増すことが重要になってくる。

　図10-22がメタリックファイターの足裏である。ホームセンターで売っている滑り止めのゴムを貼ってグリップ力を強化している。ロボット大会に行く機会があれば、強いロボットはどのような足裏になっているかを見て回るととても勉強になる。ぜひ試してみて欲しい。

図10-22　足裏のグリップで効果のあるパンチを打つ

10-3-5 移動と組み合わせたパンチモーション

　効果的なパンチモーションを作るために必要なテクニックを解説してきたが、実践ではさらに攻撃モーションを何倍にも効果的なものにするためのテクニックがある。それは移動モーションとパンチモーションの組み合わせである。

　相手を攻撃するためには攻撃が有効になる距離に移動する必要がある。図10-23の左の図のように前後の移動だけでは自分にとって有効な間合いになるかもしれないが、相手にとっても有効な間合いとなってしまう。自分にとって有効な間合いで、相手にとって不利な間合いになるために、メタリックファイターは図10-23の右の図のように相手を中心に円を描きながらの円弧移動をして相手の横に入ったときに素早くパンチを出す一連のモーションを搭載している。ROBO-ONEは横攻撃が禁止なので相手の横に入れば自分は攻撃できても相手は攻撃することができない。相手の横に入ったら腰の入ったパンチで相手をなぎ倒すという戦法だ。

この戦法は効果的で面白いように相手を倒すことができる。第2回大会では「起き上がりモーション」で優勝したが、最近はこの「移動パンチモーション」を駆使して操縦技術が要求されるライトクラスで優勝している。攻撃モーションができたら移動攻撃方法と組み合わせた攻撃方法に挑戦してみて欲しい。

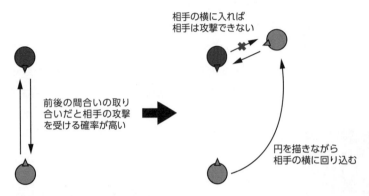

図10-23 移動と組み合わせて効果のあるパンチを打つ

10-4　モーションのシーケンス

　今まで解説してきたモーションの作り方は、ボタンを押すとそれに対応した1つのモーションを実行するだけであった。これだけでも十分に戦えるが、より効果のあるモーションにするためには状況に応じてモーションを切り替えるシーケンスを用意する必要がある。例えば相手を掴んで投げるモーションの場合、相手を掴みにいったときに「相手を掴めた」「掴みが浅かった」「掴み損なった」などの異なった状況が考えられる。それぞれの状況に応じて

- 「相手が掴めた」→「相手を投げる」
- 「掴みが浅かった」→「掴み直す」
- 「掴めなかった」→「攻撃中止、基本姿勢に戻る」

という分岐モーションを用意しておき、状況に応じて最適な行動をとれるようにすると、もっと効果のあるモーションにすることができる。分岐の方法はボタンで指示する方法とセンサによって自動的に分岐させる方法がある。
　メタリックファイターを例にとって具体的に分岐モーションを持ったシーケンスについて解説する。

10-4-1 前進移動モーション

　メタリックファイターの前進移動モーションは9個の分岐モーションを持ったシーケンスである。分岐方法はすべてボタンによって指示する。図10-24が前進移動モーションのキー配置である。左側の前進キーを押すとメタリックファイターは前進する。このボタンを押したまま右側の8つのキーを押すとキーに対応したモーションに分岐するようになっている。用意されている分岐モーションは前進のスピードを変えるための「高速歩行ボタン」「足踏みボタン」、進行方向を調整するための「スロームボタン」、歩きながら攻撃にするための「攻撃ボタン」がある。スロームモーションは左右への移動量を変えた2種類のモーションが実装されている。前進ボタンを押しながらスロームボタンを押すと指示された方向にスローム旋回しながら前進する。また攻撃ボタンを押すと歩行の勢いを利用したパンチ攻撃を相手に打ち込めるようになっている。

　図10-25が実際のプログラムである。どのボタンが押されているかを判断して歩行モーションを選択するシーケンスになっている。

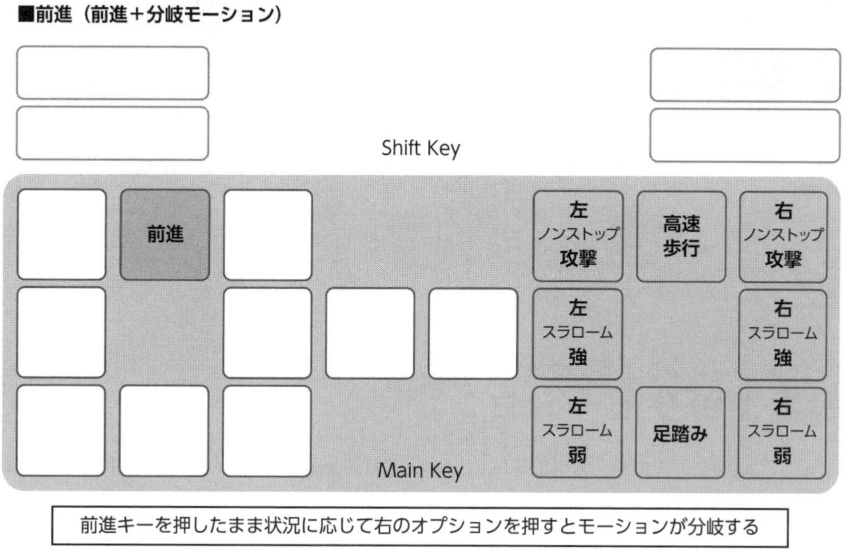

■前進（前進＋分岐モーション）

図 10-24　前進移動モーションのキー配置

10章 ロボットに多彩な動きをさせる：—メタリックファイターでのモーション作り—

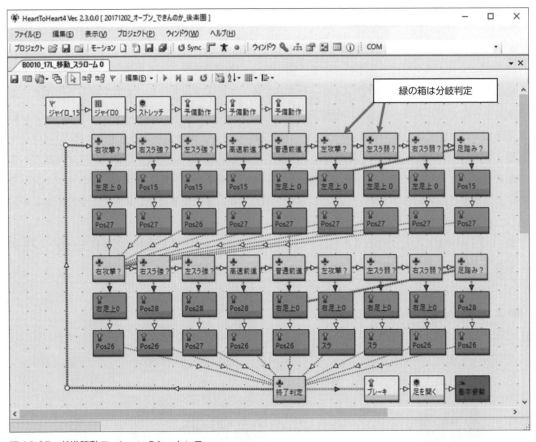

図 10-25 前進移動モーションのシーケンス

10-4-2 起き上がりモーション

　起き上がりモーションは「仰向けに倒れている場合」「うつ伏せに倒れている場合」「横向きに倒れている場合」の 3 つの分岐モーションを持ったシーケンスになっている。分岐方法は前進移動モーションとは違って加速度センサによる自動分岐となっている。図 10-26 がメタリックファイターに実装した起き上がりモーションのシーケンスである。加速度センサの値によってうつ伏せで倒れているのか、仰向けで倒れているのか、横向きで倒れているのかを判断しそれぞれ専用の起き上がりモーションに分岐している。

　起き上がり方向の判定を自動化することで人為的なミスを無くしたシーケンスになっている。

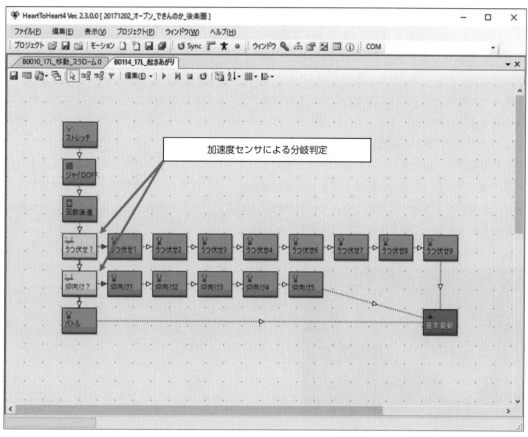

図 10-26 起き上がりモーションのシーケンス

10-5 コントローラへの割り当て

　効果のある攻撃モーションを作るために必要な様々なノウハウを解説してきたが、最後にコントローラへの割り当てについて解説する。効果のあるモーションを作っても実戦でそのモーションを瞬時に発動できなければ効果は半減してしまう。また起き上がりモーションや脱力モーションなど間違えて操作すると致命的になるモーションもある。ここではコントローラへの割り当ての基本的な考え方と、メタリックファイターを例にとって具体的な割り当てについて解説する。

10-5-1 どこにどのモーションを入れるかが重要

　図 10-27 が近藤科学から発売されているコントローラ KRC-5FH である。このコントローラは 8 方

向のボタンが左右に一組ずつ、シフトボタンが側面に 4 個、スペシャルボタンが上面中央に 2 個の合計 22 個のボタンが装備されている。ボタンの個数は 22 個だがボタンの同時押しが可能となっており理論的には 100 万通りのボタンの組み合わせを定義できる。色々なボタンの組み合わせができるが、反射的に操作する必要がある移動系は左の 8 方向のボタン、攻撃系は右の 8 方向のボタンに割り振り、単独キーで操作できるようにするとよい。それ以外の転倒したときの起き上がりモーション、機体が絡んだときに必要な脱力モーション、挨拶や、ガッツポーズなどの仕草はシフトボタンを押しながら左右の 8 方向のボタンを同時押しするように割り振る。

　攻撃モーションは用意した技が捨て身技と判定された場合や、体格差があるロボットに対応するために予備の攻撃モーションを用意しておく必要がある。予備の攻撃モーションはシフトを押しながら通常の攻撃ボタンを押すと発動するように割り当てるとよい。予備の攻撃もシフトを押すという動作が加わるだけで瞬時に繰り出すことができるからである。

図 10-27　市販のコントローラ (KRC-5FH)

10-5-2　メタリックファイターのコントローラへの割り当て

　第 31 回大会のライトクラスで優勝したときのコントローラへの割り当てについて紹介する。
　メタリックファイターはライト用の機体、オープンクラス用の機体といくつかのタイプがあるが、コントローラの割り当てはどれも同じにしている。そうすることで車の運転と同じように機体が変わっても操作に迷うことがないように工夫している。
　図 10-28 が反射的に操作する必要があるボタンの割り振りである。左側の 8 方向ボタンは移動関係、右側の 8 方向ボタンは攻撃関係、中央右のボタンに必殺技を割り振っている。また起き上がりや脱力は間違って操作しないように 2 つのボタンを「同時押し」しないと発動しないようになっている。予備攻撃は図 10-29 のようにシフトキーを押しながら攻撃ボタンを押すという配置になっている。2017 年大会で用意した予備攻撃は、シフトを押した場合は打点が標準の攻撃より低めになるようなモーションにしている。これは背の低いロボットや、高い打点では効果がない相手への対策である。仕草系は図 10-30 のように左上のシフトキーを押しながら操作するようになっている。以上がメ

タリックファイターのキー配置であるが、基本的には反射的に発動するモーションは単独キーで、それ以外のモーションは2つ以上のキーを同時押しで発動するように割り当てている。

■コントローラの割り当て

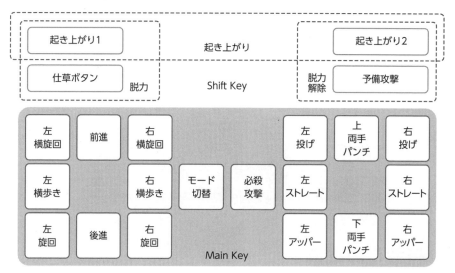

図 10-28　メタリックファイターのコントローラの割り当て

■予備攻撃（予備攻撃を押しながら攻撃を選択する。同時押し）

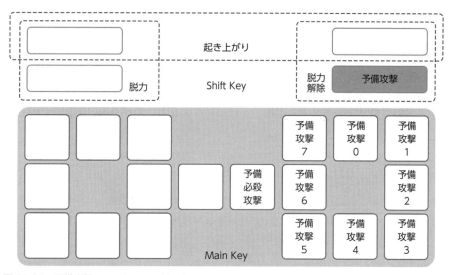

図 10-29　予備攻撃のコントローラ割り当て

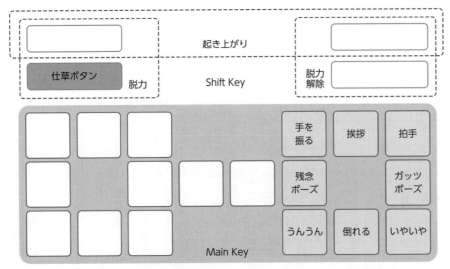

図 10-30 仕草のコントローラ割り当て

10-5-3 標準化の推進

　最後に、「ロボットシステムの標準化」の動きについて触れておく。ロボット用のサーボモータやコントローラは各社から発売されているが、独自に進化してきたため 2017 年時点では互換性がない。そのため各社から特徴的なサーボモータが出ているのにも関わらず互換性がないため混在させることはできない。この状況を改善するためにサーボモータのインタフェースや開発環境の共通化の動きが加速している。図 10-31 が現在行われている標準化の状況である。標準化の狙いは 2 つある。

- 標準化の推進 1

　サーボモータの動作コマンドを標準化する。これにより大きなプログラムの変更なく各社のサーボモータを利用できるようにする。

- 標準化の推進 2

　ネットワークに繋がった PC、スマートフォン、Linux などの IoT 仕様の組み込み端末とロボットとのコミュニケーションの規格を標準化し、より円滑なロボット開発環境を使えるようにする。

　この標準化が進めば各社から出ているサーボモータやコントローラを自由に組み合わせることができるようになり、ロボットの設計自由度や開発環境が劇的に改善される。今後の標準化の動きに注目していきたい。

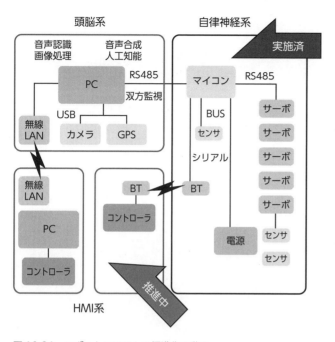

図10-31 ロボットシステムの標準化の動き

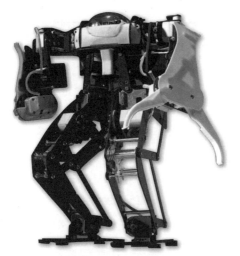

写真提供：株式会社ミスミグループ本社
写真撮影：佐脇充（BEAM x 10inc.）

11章

ロボットの高速化について：Frosty

この章では Frosty というロボットの紹介を通じて高速で走るロボットの実現に必要なポイントを紹介する。本章では大きく以下の5つの段階に分けて説明する。①高速な走行性能を実現した Frosty の紹介、②2足歩行ロボットによる高速走行実現における課題と様々な脚機構、③二関節筋と呼ばれる生物の構造をヒントにしたリンク脚機構、④ FPGA を用いた制御コントローラの制御アーキテクチャの紹介、⑤ Frosty に使われている部品や実装上の工夫、ノウハウ等

11-1　Frostyの高速走行性能の紹介

　まずは走行の様子をといっても写真では分かりにくいので、図 11-2 右の 2 次元バーコードが YouTube 動画のリンクになっているので参照いただきたい。これは第 28 回 ROBO-ONE の予選のときの映像である。4.5m を 3.79 秒で走行している。このときの最高速度は約 7km/h である。これは人型ロボットとしては HONDA の ASIMO の 9km/h に次いで TOYOTA のロボットと並ぶ性能である。もちろん大きさも異なり、ASIMO には他にも様々な機能が実装された上での性能であるので同列には比較できるものではない。しかし、ロボットのサイズによらない走行速度の目安とされるフルード数（コラム参照）で 1.12 と歩行ではなく走行でしか実現できない基準とされる 1 を超える性能を実現している。

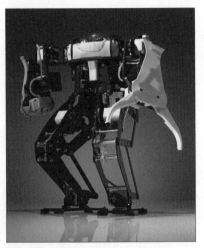

図 11-1　Frosty 全体像

写真提供：株式会社ミスミグループ本社
写真撮影：佐脇充（BEAM x 10inc.）

図 11-2　予選走行の様子（左）、動画 2 次元バーコード（右）

> **Column**
>
> ## フルード数について
>
> 以下は産業技術総合研究所ウェブサイトの研究成果「人間サイズ 2 足歩行ロボットの走行基礎実験に成功」[1]からの引用
>
> - 走行速度の目安
>
>   ロボットのサイズによらない走行速度の目安としてマクニール・アレクサンダーが提案した「フルード数」がある。フルード数は F= 平均速度 / √(脚長 * 重力定数) で定義される。人間の場合、F=1 以下では歩行と走行の両方が可能だが、F=1 以上ではもはや歩くことはできず走行するしかない。その意味で F=1 を突破できるかが今後開発されるであろう走行ロボットの性能の目安となる。ちなみに HRP-2LR では F=0.07、SONY の QRIO では F=0.17。HRP-2LR で F=1 を達成するためには現在の約 15 倍、2.4m/s（時速 8.7km）を達成する必要がある。

図 11-3 に走行中の空中期の写真を示す。

同時に両脚が空中に浮いている状態であると共に歩幅は 300mm 以上になり、脚長 304mm の Frosty では両足が空中に浮く期間があるというだけでなく、浮いたまま前に進まないと到達できない歩幅を実現している。

図 11-3　空中期の様子

---

1) http://www.aist.go.jp/aist_j/press_release/pr2004/pr20040415_2/pr20040415_2.html

11章 ロボットの高速化について：Frosty

　また、高い運動能力の例として、数年前のモデルであるがバック宙の様子を示す（図11-4）。こちらも2次元バーコードにて動画を参照されたい。

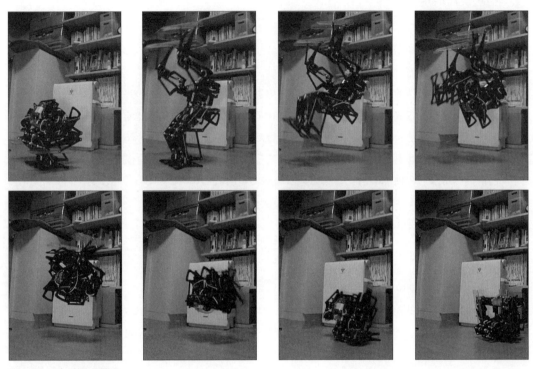

図11-4 バック宙の様子

バック宙の動画リンク[2]

スローモーション動画リンク[3]

Frostyの主要諸元

　表11-1にFrostyの主要諸元を示す。

---

2) https://youtu.be/WLIVBKrzNzI
3) https://youtu.be/d5DDvEzTihE

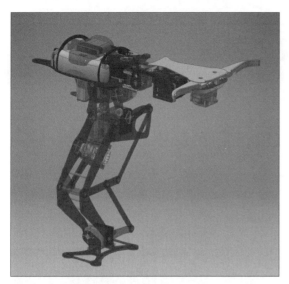

図 11-5 Frosty CAD イメージ

表 11-1 Frosty の主要諸元

身長	430mm
重量	2800g
脚長	304mm
自由度	20 自由度 　足 6 自由度× 2 　腕 4 自由度× 2
サーボ	近藤科学　KRS-6003HV（ギアレシオ、電圧変更） 　　　　　KRS-4033、4034（電圧変更）
センサ	IMU：MicroStrain 3DM-GX3-25-OEM
制御ユニット	Trenz electronic TE0720-03-1CF ＋自作 IF ボード Xilinx Zynq（ARM A9 Dual-core 667MHz ＋ FPGA）
バッテリー	リチウムポリマーバッテリー　4 セル 1000mAh

　サーボについては近藤科学のサーボを改造して使用しており改造内容については後述する。

　また、制御ユニットについては zynq の FPGA による 6ch の通信ポートと通信処理の支援機能を実装し 1ms 周期でのシステム制御を実現しておりこれらについても後述する。

11-2 高速走行実現の課題

二足歩行ロボットにおいて高速走行を実現するためにどのような課題があるかについて説明する。

11-2-1 サーボは指令通りには動かない

多くのサーボは指令位置と現在位置との差を元にした PID 制御を行っている。そのため、大きな力を出すには現在位置と大きな開きのある指令位置を指示する必要があり、結果として位置制御誤差が大きくなってしまい、バランスを失いやすくなってしまう。これを避けるために位置制御誤差の小さな範囲で稼働すると、トルクの小さな範囲しか使えないという課題がある。

また、サーボに位置指令を送っても実際にその指令された位置に移動するには時間がかかり、遅れて動作する。一般的なサーボの性能曲線例を図 11-6 に示す。サーボは速度域が遅い領域では大きなトルクを持つが速度が上がるのに比例してトルクは小さくなる。したがって速い動作をすればするほどトルクは小さくなり、狙い通りの制御をすることが難しくなり、遅れは大きくなるため、バランスを保つのが困難になってしまう。

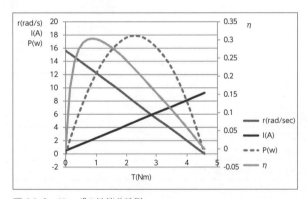

図 11-6 サーボの性能曲線例

11-2-2 通常の軸配置だと膝サーボの速度が足りなくなる

図 11-7（a）は一般的な二足歩行ロボットの足のピッチ軸構成である。この構成では、足の伸縮を行った場合、膝のサーボは腿の付け根や足首のサーボの 2 倍の速度で動作する必要がある。このため、高速で動作させると膝のサーボが先に無負荷回転数になってしまい速度が不足する状態になる。これに対応するため、図 11-7（b）のように膝のサーボを 2 個直列に構成する手法も試みられているが、位置決め誤差が倍になってしまうことや、重量が倍になってしまうという課題がある。また走行時は、

膝と股関節ピッチ軸は足を前後に動作する動きと足を伸縮する動作をミックスした動作になるが、前述したように、サーボのトルクは速度に比例して低下するため、個々の関節角速度が異なる状況では、指令値に対する追従性に差が出て、足首角度を地面に対して水平に維持しながら動作させるのが難しいという課題がある。

この問題に対応するため、図11-7(c)のように平行リンクと呼ばれる軸構成の手法がある。この場合、地面との平行は幾何学的に保たれるためにサーボの特性に依存することなく、水平を保つことができる。ただし、図11-7（c）に示したような構成では、足首のピッチの自由度が得られないという制約を受ける。

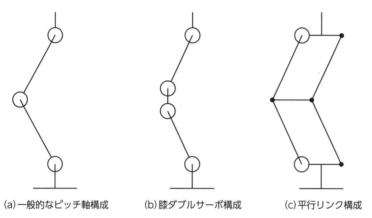

(a) 一般的なピッチ軸構成　　(b) 膝ダブルサーボ構成　　(c) 平行リンク構成

図11-7 リンク構成

11-2-3　定常走行時は遊脚を前に出す動作はイナーシャが大きい

高速走行を実現するためには足を前後に素早く動かす必要がある。特に、遊脚期の足を後ろから前に振り出すためには静止した足を走行速度より速い速度まで加速する必要があり、イナーシャが大きく、大きな出力を要する（図11-8）。このため足は少しでも先端部を軽くしイナーシャを軽減する必要がある。このため図11-9に示すように股関節に2つのピッチ軸のサーボを持ち、この2つのサーボの角度の組み合わせで、足先端の位置を前後に動かすことで、足の伸縮を実現する差動駆動型のリンク機構が考えられる。この方式は足のイナーシャの軽減には有効である。

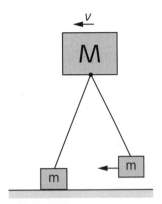
図 11-8 遊脚を前に振り出すときのイナーシャ

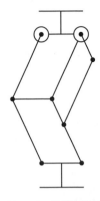
図 11-9 差動駆動型リンク機構

11-2-4 速度を上げると接地衝撃が大きくなり反力で姿勢が乱れる

　速度を上げて走行すると接地するときの衝撃も大きくなりその反力も大きくなる（図 11-10）。反力を受けて各サーボは角度が変化するが、サーボの速度や位置、角度はまちまちであり、外力を受けたときに変化する角度もまちまちになる。そのためロボットの姿勢は乱れバランスを取ることが困難になる。着地衝撃を和らげるため、足裏に柔らかい衝撃吸収材を付ける方法もあるが、柔らかくすると衝撃による反力は減らせるが同時に制御性も低下するという問題がある。

　また接地タイミングを検出し、素早くフィードバックする手法もあるが接地の検出を正確に行うことや検出してから反応するまでの応答時間を短くする実装が難しいことや、足の物理的なイナーシャにより機械的な応答特性を向上させることが難しいという課題がある。

　そのため厳密なモデル化を行い、事前に正確に接地速度を下げる制御をする手法もあるが、外乱によって接地タイミングが変わることに追従するのが難しくロバスト性を保つのは困難である。

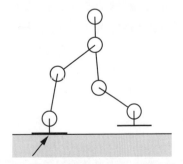
図 11-10 着地時の地面からの反力のイメージ

11-3 二関節筋の働きからヒントを得た脚機構

　前節で述べた多くの課題の改善は色々考えられるが総合的に解決することはなかなかできなかった。これらをどうやって解決するかのきっかけになったのが図 11-11 の本である。
　とある方から紹介されて、二関節筋による人間の足の構造と特性を知ることができた。

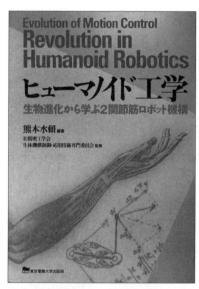

図 11-11　ヒューマノイド工学 [4]

11-3-1　二関節筋とは

　二関節筋とは 2 つの関節にまたがって接続されている筋肉のことである（図 11-12）。脚の自由度からは 1 つの関節をまたがる筋肉が各関節に付いていれば、任意の方向に関節を動かすことが可能であり、二関節筋は冗長ともいえる。しかし二関節筋があることにより足先の出力分布や剛性特性に異方性を持たせることができる（図 11-13）。これにより、身体の制御性を向上させるのが二関節筋の役割と言われている。

---

[4]　熊本水頼（編著）、精密工学会 生体機構制御・応用技術専門委員会（監修）、畠直輝（編集）、堂埜茂（著）、大西公平（著）、辻俊明（著）、藤田義彦（著）、藤川智彦（著）、堀洋一（著）、小田高広（著）、門田健志（著）、大島徹（著）：ヒューマノイド工学、東京電機大学出版局（2006 年）

11章 ロボットの高速化について：Frosty

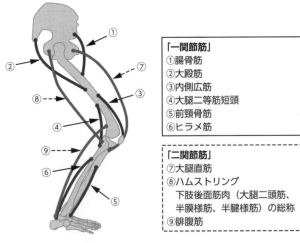

図 11-12 人間の筋配列

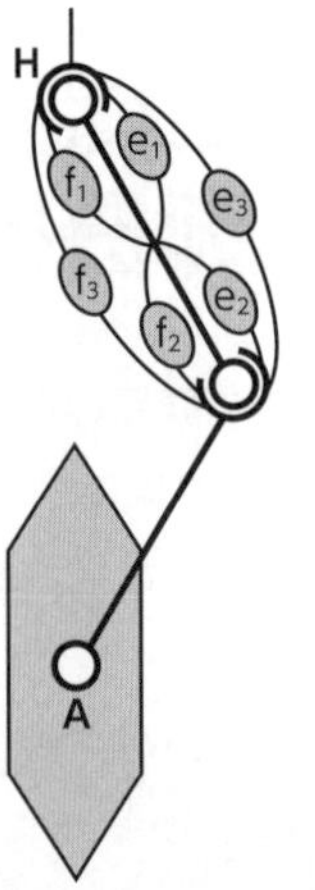

「一関節筋」
① 腸骨筋
② 大殿筋
③ 内側広筋
④ 大腿二等筋短頭
⑤ 前頸骨筋
⑥ ヒラメ筋

「二関節筋」
⑦ 大腿直筋
⑧ ハムストリング
　下肢後面筋肉（大腿二頭筋、半膜様筋、半腱様筋）の総称
⑨ 腓腹筋

図 11-13 二関節筋によって得られる出力特性イメージ

11-3-2　二関節筋の働きからヒントを得た脚機構

　人間の二関節筋の働きからヒントを得て、図 11-14 のような機構を設計した。人間の二関節筋の構造を真似るのではなく、足先端の動特性の異方性を機構的に実現するのが狙いである。

　疑似直線リンクによって足の前後移動と足の伸縮を幾何学的に分離し、直交した軌道とすることで、足の伸縮方向の剛性と前後方向の剛性を独立して制御可能とした。

　これにより、足の伸縮方向で地面に接地するときは剛性を柔らかくして衝撃を吸収するとともに、衝撃を受けた際のストローク方向が足の伸縮方向となり、上体の姿勢の乱れを抑えつつストロークすることが可能になっている。

　また、本機構では、股関節のピッチ軸と膝の伸縮のサーボの特性がロボットの走行時の要求に適合するというメリットも得られる。サーボの股関節ピッチ軸は走行しているとき一番前に足を振り出したときと、足を一番後ろまで伸ばしたときに最もトルクが必要でかつ速度が遅くなり、胴体直下を通過するときが最も速度が必要になり、かつ必要トルクが小さくなる。このため一般的な軸構成よりトルクの必要な領域と速度が必要な領域が一致し、サーボの出力特性が有効に使えるといったメリットも得られている。膝の伸縮軸は逆のタイミングで速度とトルクの要求が発生するためこちらも同様のメリットが得られる。

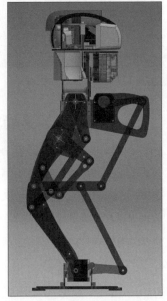

図 11-14 脚機構の CAD イメージ

下記にロボットの脚部の写真を示す。脚部の内側（図11-15）と外側（図11-16）の写真を示す。前述の特性を実現するためのリンク機構を脚の内側に疑似直線リンク機構として実装している。脚の外側は足首のピッチ軸を平行リンクで股関節部まで伝達して実現している。これらのリンク機構について次項で説明する。

図11-15　脚内側のリンク機構

図11-16　脚外側のリンク機構

11-3-3　疑似直線リンク機構

　Frostyで適用している疑似直線リンク機構について説明する。図11-17に示すような構成が疑似直線リンクの基本構成になっている。点P1、P2、P3、P4で接続されたリンクL1、L2、L3、L4による4節リンクになっている。実際にはリンクL2は2つのリンクに分割されているがここでは1つのリンクとみなして説明し、別途後述する。まず足の伸縮について説明する。リンクL3が固定されていると仮定し、リンクL4をリンクL3の半分の長さとなるよう構成すると膝の頂点に相当するP2が移動する量に対して足先P0の移動量が2倍になり、P0は直線軌道となる。実際には足の曲げ伸ばしによってリンクL3とL4の角度は変化していくため、完全な直線にはならず疑似直線となる。なるべく走行する際に使う領域の直線性が高くなるように各リンク長を調整して設計する。次に足の前後の揺動について説明する。リンクL3は実際には固定ではなく、股関節ピッチ軸のサーボの出力軸に締結されていて、これが点P1を中心に回転することで足を前後に揺動する。

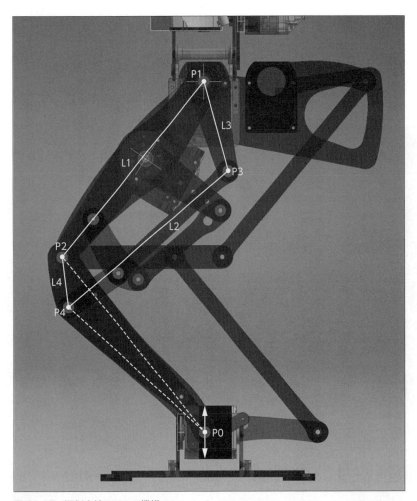

図 11-17 疑似直線のリンク機構

　前述の図 11-17 では疑似直線リンク機構の基本的な考え方を説明するために簡略化したリンク構成で説明したが、前述の構成のままでは足をまっすぐ伸ばした際にリンクが特異点に入ってしまうという課題がある。このため、実際には図 11-18 に示すような構成にしている。図 11-17 のリンク L2 を途中で分割し、またリンク L6 を追加し、点 P2、P4、P5、P6 で構成される 4 節リンクにリンク L2 が接続する構成になっている。この構成にすることにより、走行で使用する角度領域では前図で示した疑似直線リンクの挙動を示し、特異点に入ることなく足を伸ばすことができる。

　膝の伸縮用のサーボはイナーシャの軽減のためリンク L1 上の股関節に近い位置に設置し、リンクにて膝を伸縮する構造となっている。

　足の前後揺動と伸縮の直交化としては疑似直線より完全な直線のほうがよいが、実際の剛性特性を考えると完全な直線でなくとも十分な性能が得られ、かつ、足の伸縮の可動範囲を大きく取れることや、比較的軽量に直交化できることがこの Frosty のリンク構造のメリットである。

実際の設計では軌道の直線性と共に足を伸縮した際に幾何学的に干渉しないように設計する必要があり、数式で一般化するには境界条件の設定が難しく、幾何学的なチェックをしながら候補となる構成を決め、局所最適解の範囲で最適化して解を探るといったアプローチで設計している。

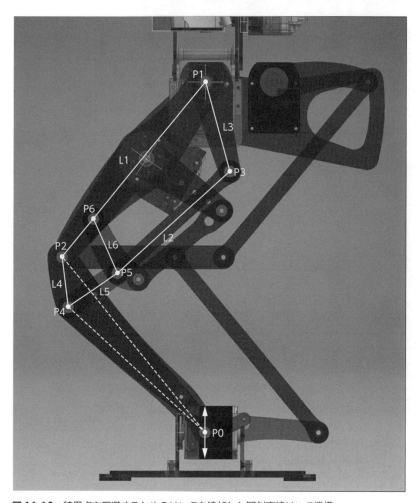

図 11-18 特異点を回避するためのリンクを追加した疑似直線リンク機構

図 11-19 は脚部外側のリンク機構の図である。こちらは L1 と L2、L5 と L6、L3 と L4 と L7 が平行になるいわゆる平行リンクと呼ばれる構成になっている。ただし、ROBO-ONE 等でよくあるピッチ軸が幾何学的に固定されたリンクではなく、点 P7 を中心としたサーボの回転をリンクで伝達することで足首ピッチを動かすことにより関節自由度を確保しつつ、足先のイナーシャを軽減している。また、走行中には足首ピッチ軸は静止しているため、十分な保持トルクを維持でき、上体の姿勢変化を抑えたままで、床反力による足の伸縮を実現している。

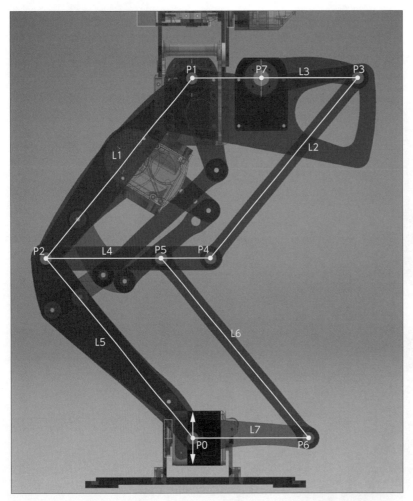

図 11-19 脚外側のリンク機構

11-3-4 バックドライブ性の重要性

　前述のような形で疑似直線リンクを用いたリンク構成のメリットを説明したが、これらの特性を活かすためにはサーボのバックドライブ性が重要になる。膝の伸縮の剛性を下げるためにはサーボのPゲインを下げるだけではなく、実際に外力を受けて受動的にストロークする必要があるためである。Frostyでは膝の伸縮軸に近藤科学のKRS-6000HVを使用しているが、オプションパーツから適合する組み合わせを選択し、ギアレシオを純正の362.88から167.2へと約半分に変更して利用している。これはバックドライブ性の向上と共に最高速度の向上にも寄与している。このギアレシオは膝の伸縮だけでなく、腿のピッチ軸も含め速度が必要な部位に適用している。

11-3-5 バネについて

バネは膝の伸縮のサーボと並列に入っていて、最近流行り？の Series Elastic Actuator ではなく Parallel Elastic Acutuator となっている。(図 11-20)。これは膝のサーボが十分なバックドライブ性を確保できている場合、並列型の方が高い制御性が得られるというメリットがあるからである。また、結果的にではあるが膝のサーボの機械抵抗がダンピングになるというメリットがある。

膝の伸縮用のリンクは足の伸縮量に対して、サーボが比較的比例して回転するように可変レシオのリンクになっており、膝のバネについては膝の角度がどの角度であっても自重となるべく同等の荷重になるよう設計している。これらによって、脚長の変化による制御特性の変化を抑え、かつ、ギアレシオを下げたことによるモータの発熱を抑えている。

設計上、バネは強くすればするほどパワーを得られるのではないかという質問を受けることがあるが、自重を支える補助になる一方で、足を上げる際にはバネの力に抗してサーボの力で引き上げる必要がある。サーボの最大トルクに合わせるのではなく、必要な速度で引き上げられるようバランスを見て適正に設計する必要がある。

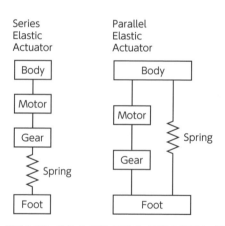

図 11-20 SEA と PEA の構成、実際の膝部のバネ取付の様子

11-3-6 股関節ロール軸のリンク機構

足のピッチ軸の膝の伸縮部分のリンクに目が行きがちだが、股関節ロール軸のリンク構成は Frosty の軸構成において重要なポイントになっている。

二足歩行ロボットにおいて股関節ロール軸は支持脚期にロボット全体の自重を支える必要があり、かつ、重心から横にずれた位置にあるため、非常に大きなロールモーメントがかかり、そのために、胴体が斜めに傾き、正確な位置制御ができなくなるとともに遊脚の接地タイミングが幾何学的な事前計算と一致しなくなる大きな要因になっている。

これらの問題に対して ROBO-ONE に出場しているロボットでは長穴式の機構によって、サーボの

減速比を上げる構造となっている機体が多く見受けられる。長穴式は穴の部分のガタを抑えるのが難しいことと、減速した分動作速度が遅くなってしまうため減速比には限度がある。また可動範囲を広く取るためのレイアウト設計が難しい。

　Frostyではこれらの問題に対して図11-21に示すように4節リンク型の機構を適用した。この機構ではロール回転中心が、リンクL1、リンクL2を伸ばした交点となる点P0となる。この仮想回転軸P0がロボットの中心位置に近い位置になるため、ロボットの自重によるモーメント荷重が大幅に小さくなり、片足支持期の胴体の傾きを大幅に抑えることができる。足を開く際には仮想回転軸が移動し、実質的なレバーレシオが変わることで可動範囲を大きく取ることを可能にしている。4節リンク機構のため構造としては複雑になり、特にリンクL1のねじり剛性を確保すること、リンクL2のP4が片持ちでねじりモーメントがかかるため軸受けに負荷がかかることなどを、うまく解決する必要がある。

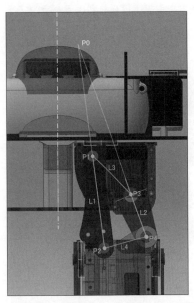

図11-21　股関節ロール軸の4節リンク機構

11-4　FPGAの特性を活かした制御アーキテクチャ

　制御コントローラの写真を図11-22に示す。制御コントローラはドイツのTrenz Electoronic社のTE0720-03-1CFというzynqを搭載したボードと自作のIFボードを組み合わせて構成している。

zynqはxilinx社製の、CPUとFPGAを統合して1チップにしたもので、チップ内部でバス接続されている。

制御コントローラの主要諸元は下記のとおり。

- ARM Cortex-A9 dual-core 667MHz
- 1GByteDRAM
- 32MB Flash memory
  自作のIFボードにて下記IFを実装
- ICS 1.25Mbps×6ch
- TTLレベルUART：IMU接続用
- SPI（PS2コントローラ用）×1ch
- 1GbEthernet
- JTAG、標準コンソール入出力
- 入力電源9〜24V
- サイズ：40mm×71mm

図11-22 制御コントローラの写真

制御系のシステム構成図を図11-23に示す。

FPGAにて近藤科学のサーボのIF仕様であるICS3.5仕様6ch、IMU用シリアルIF、PS2コントローラ用SPI IFを構成しており、32bit100MHzのバスでCPUと接続している。ICS 1.25Mbps×6chを使って1ms周期で制御している。

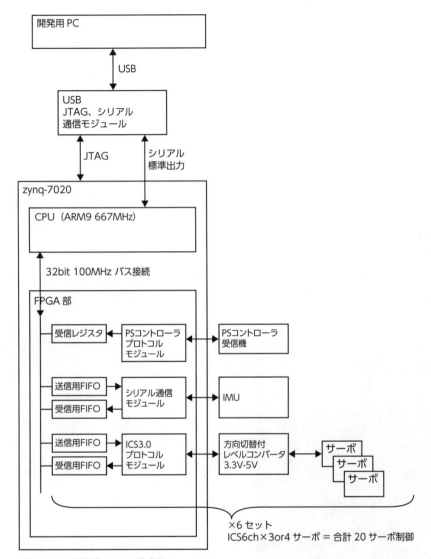

図 11-23　制御系システム構成図

　このアーキテクチャでのシーケンス図を図 11-24 に示す。純粋なソフトウェアはメインスレッドのみで、通常、スレッドを分けて実装する通信処理系をすべて FPGA で実装している。
　メインスレッドから FPGA の通信はバス速度で接続された FIFO バッファへの読み書きで、メモリマップが API という感じになっている。
　メインスレッド 1 つに通信系のスレッドが 8 つあるが通信系のスレッドは独立した FPGA 実装になっているという形態である。メインスレッドは 1ms ごとのタイマー割り込みでループしていて、これがシステム制御周期になっている。

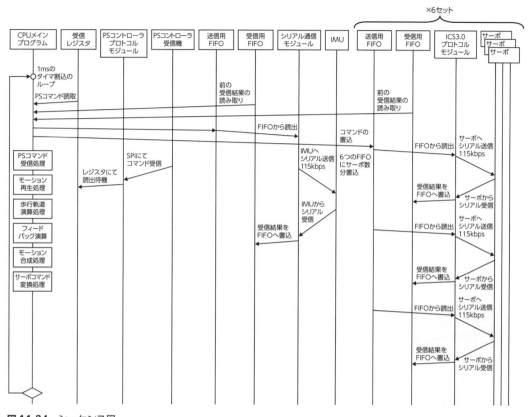

図11-24 シーケンス図

このアーキテクチャの仕様を次に示す。

- 外部IFに接続するモジュールはすべてFPGAで構成し、システム制御周期ごとに必要な通信バッファ容量を持つ
- 受信処理はFPGAで行ってすべてバッファリングし、受信割り込みを上げない
- CPU側のハードウェアタイマを1つだけ用いてシステム制御周期ごとの割り込みを発生させる
- 割り込みが発生したら、すべての受信バッファから受信メッセージを読み込み、準備していた送信コマンドをFPGAの送信バッファにセットし、送信する
- 受信したメッセージデータをもとに次の制御コマンドを生成する
- 1つのシリアルIFに複数のデバイスが接続されている場合は、FPGA側で複数のデバイスに対する逐次コマンド送受信処理をシステム制御周期内に行う

このような構成を取ることにより、通常スレッドを分けて実装されるソフトウェア処理をFPGA側で実装し、ソフトウェア側はメインスレッド1つのみで実装することができる。これは複雑なソフト

ウェア実装を単純化するという目的もあるが、通信処理がそれぞれの ch で完全に独立して実装されるため、タイミングに起因するバグが発生しにくく、デバッグ時の原因切り分けが容易になるというメリットがある。また、ハードリアルタイム性についても処理時間が残りどれくらいあるかが HW タイマのカウント数レベルの精度で計測でき、通信処理における受信メッセージの到着時間のばらつきに対して完全に独立したデバイスで受信するため相互依存性が無いというメリットがある。

このアーキテクチャでは接続されるデバイスの通信周期をシステム制御周期に合わせる必要があり、画像処理等で 30fps などの遅い処理との混在は別途 CPU を分けるなどのシステム構成を想定している。リアルタイム制御システムとしてシステム制御周期で制御するものは、リソース保証が必要なものして CPU と FPGA で構成して保証し、制御周期の大きく異なるものや処理時間が保証できないものは、別 CPU を用意した方がデバッグが容易で安定性の向上に繋がるという設計思想である。

制御コントローラのロボットへの搭載の様子を図 11-25 に示す。Trenz Electoronic 社では TE0790-02 という非常に小型の JTAG ダウンロードケーブル兼シリアル USB 変換ケーブルを用意しているので、JTAG ごとロボットに搭載し、USB ケーブルで接続してデバッグするように構成している。

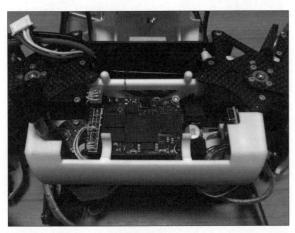

図 11-25 Zynq による制御コントローラボードの搭載

11-5 Frosty に使われている部品や実装上の工夫、ノウハウについて

本節では、Frosty に使われている部品の紹介や、実装上での工夫やノウハウを紹介する。

11-5-1　電圧について

近藤科学の KRS シリーズのサーボは 12V 仕様で Lipo3 セルを想定した仕様になっているが、性能向上のためサーボを改造し耐圧を上げた上で（後述）Lipo4 セル化し、電源電圧を 33% 上げている。

図 11-26 は現在使用している hobbyking の Turnigy Bolt 1000mAh 4S 15.2V 65 ～ 130C High Voltage Lipoly Pack（LiHV）。

LiHV と呼ばれる 1 セルあたりの電圧が高くなっているものであり、仕様上 1 セルあたり 0.1V、充電完了電圧で 0.15V 高く、電圧としてはさらに 3.5% 上がる形になる。充電電圧が異なるため、充電器やバッテリーチェッカーを対応したものにする必要があるが、3.5% の電圧が上がるとそのまま無負荷回転数が 3.5% 上がるので性能向上は果たせる。しかし、筆者が購入したバッテリーは 1 年以内に半分以上のバッテリーが死んでダメになるなど著しく寿命が短く、購入はお勧めできない。

図 11-26　4 セルのリチウムポリマーバッテリー

11-5-2　サーボの改造

Frosty では主要部分のサーボに KRS-6003HV を使用しているが、下記のような改造を行って使用している。

- コネクタ部のカット
- サーボボトムケースの 3D プリント部品化による軽量化と構造部としての利用
- サーボの駆動電圧の高耐圧化
- ギアレシオの変更
- 強制空冷（膝サーボのみ）
- サーボアッパーケースへのタップ（一部）

これらの改造を行った場合メーカーの保証対象外になるだけでなく、故障の原因にもなる行為である。また、同様の手順で行ったとしても性能向上を保証するものでもないので、真似される方は個人の責任において実施のこと。

コネクタ部のカット

まず、コネクタ部のカットについて説明する。KRS-6003HVは配線を接続するコネクタ部が図11-27のように出っ張った形状をしているがこれがロボットを設計する上では軸配置の制約になっているのでカットする。

図11-27　KRS-6003HV

図11-28　ケースを外したところ

サーボのケースを外すと中の基板は図11-28のような形状になっている。サーボの基板は角度を検出するポテンショメータへの接続がはんだ付けによって行われているので、ここのはんだを除去して基板を取り外す。また基板のカット作業のため、モータへの接続ケーブルも一度除去する。

外した基板を図11-29のようにカットする。カットする際は基板の裏表を接続するスルーホール部を残すようにしておく。また、配線接続用のコネクタ部を別途作成する。

次に別途用意したコネクタ部のケーブルを配線する（図11-30）。

基板のソルダーレジストを剥がしてはんだ付けする。信号線の部分はモータ脇の細い部分に配線する必要がある。

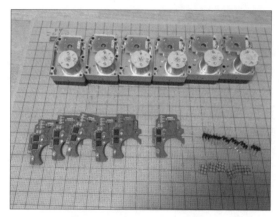

図11-29 基板を取り外してカットし、別途コネクタ部品を用意

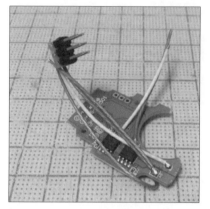 

図11-30 カットした基板に配線する（表・裏）

　サーボ基板への配線を行ったら基板をサーボに取り付ける（図11-31）。

　サーボ外形の小型化と軽量化のため、基板は元の位置より低い位置に取り付ける。ポテンショメータ基板のピンのプラスチック部の高さまで下げてピンを短く切っている。モータへの配線を元のとおりに接続し直し、動作確認を行って問題が無ければOKである。サーボの高耐圧化改造について筆者は同時に行っておらず、あとで行った関係で作業手順と写真が一致しなくなるため別途、後述する。もちろん同時に改造してもよい。

11章　ロボットの高速化について：Frosty

図 11-31　基板を再度サーボに取り付ける

サーボのボトムケースの 3D プリント部品化

　次にボトムケースを 3D プリント部品にて作成し取り付ける。ここでは股関節ロール軸、その他複数箇所で共通設計としているボトムケースについて説明する。ボトムケースは図 11-32 のような形状になっている。片方が斜めにカットされた外形形状になっているのは、股関節ヨー軸による開脚時の干渉を減らして開脚角度を稼ぐためと、軽量化のためである。また、基板の取り付け位置の変更に合わせて、短いねじで留められるような形状にすることで、ねじの軽量化も図っている。

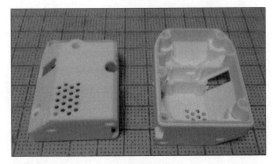

図 11-32　3D プリントによるサーボケース

　内側にはコネクタ部の基板を固定するためスリット形状になっている部分があり、コネクタをサーボの左右どちら向きにも取り付けできるようになっている。
　また、もともとのコネクタがあった面には下穴が開けてあり、タップ加工後、イリサートを挿入し、ねじ止めできるようになっており（図 11-33）、アッパーケースのタップ加工と合わせて、図 11-34 のようにフレームに固定できるようになっている。

11-5 Frostyに使われている部品や実装上の工夫、ノウハウについて

図 11-33 サーボケースを取り付けた状態　　図 11-34 フレームへの固定例

　これらの改造により純正の96.5g（サーボホーンなし）に対し、83.5gと13gの軽量化を果たしている（図11-35）。

　同様の改造をしたサーボをFrostyでは6ヵ所に使用し、78g相当の軽量化とともに、軸間距離の制約の緩和や、フレームへの固定位置の自由度向上により、ロボット全体での軽量化の恩恵も受けている。

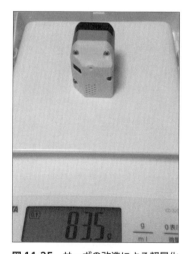

図 11-35 サーボの改造による軽量化

サーボの駆動電圧の高耐圧化

　KRS-6003HVはレギュレータにより5Vを生成して制御系を駆動し、モータを動かす動力系は電源電圧から直接駆動している。そのため、レギュレータの耐圧を上げればそのまま高電圧駆動できる。ただし電圧を上げると5Vへの降下幅が大きくなるため発熱量が増えるという問題がある。このため、もともと付いている表面実装のSOT3サイズのレギュレータを除去し、スルーホール用の

TA48M05Fの足を曲げて無理やり表面実装することで、熱容量を増やし、放熱できるように取り付けている。以下に取り付けの様子を図11-36に示す。図11-36（a）はKRS-6003HVの外形形状を変更せずに使っているサーボの取り付けの様子、図11-36（b）はコネクタ部をカットしたサーボでの取り付けの様子、図11-36（c）は4033等の4000番系のサーボのレギュレータ取り付けの様子である。4000番系は他の部分との接触の危険があるため、先端部をカプトン®テープで絶縁している。レギュレータの交換はこのように非常に面倒である。駆動系についてはFETについては最近出荷されている製品ではそのままでも問題なさそうである。また、4セル程度であれば大きな問題にはなっていないが、さらなる高電圧化はモータのブラシの耐久性に課題がある。

  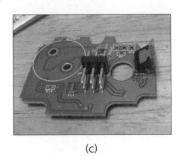

(a) (b) (c)

図11-36 サーボの耐圧改造の様子

ギアレシオの変更

ギアレシオを純正の362.88から167.2へと約半分に変更して利用している。これはバックドライブ性の向上とともに最高速度の向上にも寄与している。使用しているギアの型番は101A、101B、101C、105Dの組み合わせである（図11-37）。

図11-37 近藤科学オプションパーツのギア

近藤科学の保守部品として販売されているギアの一覧はホームページ[5]をご覧いただきたい。

---

[5] http://kondo-robot.com/w/wp-content/uploads/KONDO_ServoGears20150414.pdf

膝サーボの強制空冷

　膝部のサーボについては上記の改造に加えて、強制空冷用のファンを取り付けている（図 11-38）。使用しているファンは以前にキングカイザー用に開発されたものを使用しているが、現在は入手できないため、代替機種として COPAL F310R-12LC を紹介しておく。厚さは 10mm で厚くなってしまうもののファンがプラスチック製でイナーシャが小さく、重量も 8g である。仕様上は max13.8V で仕様外だが、筆者はリポ 4 セルで使用している（寿命についてはまだ実績が短く不明である）。

図 11-38　膝部のサーボへのファンの取り付けの様子

　膝部のサーボの 3D プリント部品形状を図 11-39 で示す。ファンによる強制空冷に合わせて筐体に穴が開いており、モータに直接風が当たるようになっている。また、腿のフレームの一部の構造材としても設計しており、3D プリントの特性を活かして内部に斜めにフレームを通すことで、腿部のねじり剛性が向上するよう配慮している。

図 11-39　膝部サーボ用の 3D プリントによるサーボケース

11-5-3　ねじりバネの作り方

　バネに関して前述のような基準にて設計した値ちょうどのバネが売っていることはなく、自作している。ここではバネの作り方について説明する。

　バネの設計についてはインターネット上で色々解説されているので省略する。ここでは筆者が参考にした東海バネのページ[6]を紹介しておく。

　東海バネは小ロットの受注もされているようなので発注してもよい。

　材料のバネ鋼は東急ハンズで購入するのが比較的簡単である。ピアノ線とステンレスバネ線があり、バネとしての許容応力はピアノ線のほうがよいし安いが、錆びるのを避けたい場合はステンレスバネ鋼にする。売っている直径の選択肢が少ないので、事前にサイズを調べてから、計算して、大体の線径を割り出して購入する。合わせて図 11-40 のような治具を作成する。15mm の丸棒を裏から木ねじで固定し、バネ線を固定するためのねじを設ける。ねじで材料をしっかり固定し（図 11-41）、巻き付ける（図 11-42）。

　ここで紹介する手法では非常に簡単な治具を用いるので、巻いたあとの正確な直径は実際に巻いてみないと分からない。なので、仮計算して、太さを決めて、実際に巻いて直径を測ってから再度その直径で計算して最終的な設計値を決める必要がある。面倒くさいようだが、どちらにしても巻き方の練習は必要だし、ピアノ線はそれほど高いわけでもないので、きちんと巻き付け半径と仕上がり半径の算出を試みるよりリーズナブルである。

　許容応力値を推奨される範囲内にしないと疲労破断するので、必ず範囲内にする。軽量化のためにはなるべく高めにしたいが、手作りの場合、完全に均一に巻くのは難しいので攻めすぎないよう注意する。

　設計値が確定したらバネを巻いていく。最初の曲げ始めが形がゆがみやすいので、しっかりねじ止めしてから強く引っ張りながら巻いていく。巻きすぎた場合戻して調整することはできないので、潔く捨てて、新しい材料で巻きなおす。多少ゆがんでも材料の総長さと角度があっていれば基本的には同じ性能になるのでよしとする。左右対称にするためには図 11-43 のように反対巻もできるが、利き手で巻きやすいほうに統一してもよい。

---

[6]　http://www.tokaibane.com/tech/index.html

図 11-40　バネ作成用治具

図 11-41　ねじでしっかり固定する

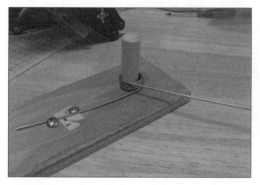

図 11-42　強く引っ張りながら巻き付けていく

図 11-43　左右で巻く向きを変える

　治具が非常に単純なのでこの方法でキレイに巻けるようになるには何回か練習が必要となる。最初に巻いてうまく行かないとくじけそうになるかもしれないが、筆者の場合は、4 回ぐらい失敗するとある程度巻けるようになり、その後 4 つぐらい作って、形状の近い 2 つを選別して使うという感じであった。200 円ぐらいのピアノ線が数本無駄になっても、その程度の価格なので、治具に凝るより、巻くのを練習するほうが早い。

11-5-4　ナイロン（ポリアミド）の SLS による 3D プリント部品について

　3D プリント部品については、筆者はナイロン（ポリアミド）の SLS（Selective Laser Sintering）方式の 3D プリンターで出力されたものを利用している（図 11-44）。SLS はレーザー焼結方式とも呼ばれ、ナイロンの紛体を薄く積層し、レーザーで必要な部分のみ溶かして溶着するのを繰り返して積層していく方式である。積層の境界が剥がれにくく、材質がナイロンで靭性が高いことから適用している。

　以前はベルギーの i.materialize の 3D プリントサービスを利用していたが、DMM.make の 3D プ

リントサービスが始まってからはそちらを利用している。

下記に出力例を示す。小さい部品はランナーで接続し、1つの大きい部品として発注し、切り離して利用している。このほうが安く製造できる。また DMM.make は造形方向の指定ができないが、多くの場合一番長い辺を立てた形で積層される。これは、なるべく一度に複数の部品をまとめて製造し、3D プリンターの完成品の取り出しのオペレーションを減らすためと思われる。

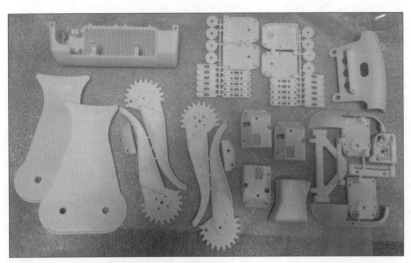

図 11-44　3D プリント部品サービスでの出力例

11-5-5　イリサートの使用

カーボン材や 3D プリント材に雌ねじを設けるためのインサートを使用している。インサートには様々なタイプがあるが、Frosty では廣杉精機のイリサート®（図 11-45）を使用している。これはカーボンなどの樹脂材では取り付け用にタップを切っても正確な寸法がでないため、例えばスプリューのようなバネ形状のものは雌ネジ径が取り付け用のタップの精度に影響を受けてしまうためである。また、カーボンの場合は取り付け穴に接着剤を塗布してから取り付けて強度を増すようにしている（図 11-46、図 11-47）。

図 11-45　イリサート

図 11-46　カーボンへの挿入

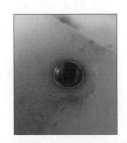

図 11-47　3D プリント部品への挿入例

11-5-6　カーボンへのフランジ付きベアリングの埋め込み

　Frostyではカーボン板に軸受けを設ける際に6mmの穴を開けて、フランジ付きの3mmのベアリングで固定する方法を各所に用いている。典型的な締結例を図11-48に示す。

　カーボンに6mmの穴を開けフランジ付ベアリングを取り付け、イリサートを挿入したカーボンへねじ止めすることで軸受けとして締結する。ベアリングの内輪側だけ接触するようシムを入れて調整している。ベアリングは内径3mm外径6mmのフランジ付、シムはタミヤのOP.585 φ3mmシムセットを使用している。

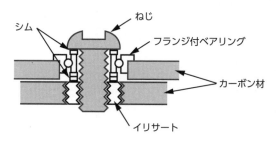

図11-48　軸受けの構成

11-5-7　足裏材の選定と接着方法

　Frostyの足裏は図11-49のように4点接地型でグリップ材と滑り材を張り付けた形態になっている。点接地型にしたのは、土踏まずに相当する部分が接地することによる急激な姿勢変化を抑えるためである。また、結果として軽量化にも繋がっている。一方で接地面積が減り接地圧が上がるためにグリップ材が剥がれやすく寿命が短くなるというトレードオフがある。

　足裏にはグリップ材として卓球のラケット用のラバーゴムでTSPミリタルII OXを使用している。これはROBO-ONEのフィールドに埃が載っていた場合に表面に凹凸があるゴムを使用した方が、グリップが安定するからである。卓球用のラバーゴムとしては粒が比較的大きいものを選んで選定している。

　接地部分の外側に張っているのは滑り材で、ニチアスのカグスベール®を使用している。摩擦係数だけであれば、テフロン等のシールもあるが、床材によって摩擦の違いが大きく、様々な床材で安定して摩擦が少ないのはカグスベールのほうだったのでこちらを使用している。

　FrostyはROBO-ONEの中ではグリップ歩行と呼んだりする足裏を滑らせないような歩行則で歩行するが、ロボットが傾いたりした場合には、滑り材部分が接地して適度に逃げることで、躓くことを防いでいる。内側と外側の接地部で取り付け角度が違うのは横に傾いた場合に接地する滑り材の位置と、前後に傾いた場合に接地する滑り材の位置を配慮したものである。

足裏のラバーゴムは接着性が良くないため、卓球用に張ってある両面テープを一度剥がし、日東電工 No.5000NS の両面テープに接着剤セメダインのスーパー X クリアで接着してから、足裏に張り付けている。これはラバーゴムに接着性の良い接着剤で張り付けるとともに、足裏のカーボン材への貼り付け面は両面テープにすることで、交換時のメンテナンス性を上げるためのものである。日東電工 No.5000NS の両面テープは後残りが少なく、かつ貼り付け強度に優れている。OEM 品も流通しているのでテープ表面に NITTO No.5000NS と記載されているものは同等品である。

図 11-49 足裏写真

11-5-8　配線ケーブルについて

配線ケーブルは MISUMI の潤フロンケーブルで ETFE-0.2-W-10、ETFE-0.3-W-10、ETFE-0.5-W-10 の 3 種類の太さを使い分けている（図 11-50）、この製品は潤工社の製品を MISUMI が販売しているものだが、入手性の良い範囲のものでは ETFE の被覆が薄く、より細くて柔軟性が高いため使用している。最も細い ETFE-0.2-W-10 を信号線に、ETFE-0.3-W-10 をサーボへの電力線に、ETFE-0.5-W-10 はサーボの電力線でディジーチェーンの根元に近い側で使用している。

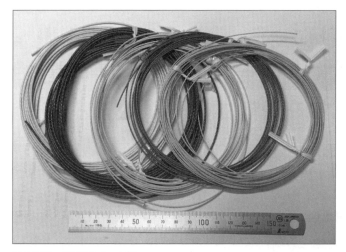

図 11-50　潤フロンケーブル

11-5-9　IMU について

　IMU とは Inertial Measurement Unit の略であり、日本語としては慣性計測装置と呼ばれる。
　内部的には複数のジャイロ、加速度センサを搭載し、演算によってオイラー角等を算出して出力する。MicroStrain の 3DM-GX3-25-OEM（図 1-51）を使用している。ROBO-ONE 用としては少々オーバースペックだが、500Hz 周期で、カルマンフィルタで演算済みのオイラー角が取得できる。なお、MicroStrain 社は LORD 社に買収され、現在は後継機種として、MicroStrain ブランドで 3DM-CV5-25 が発売されており、基板実装用に外形形状が改善されている。

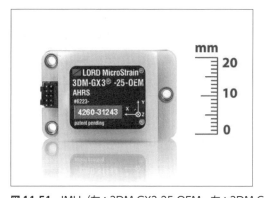
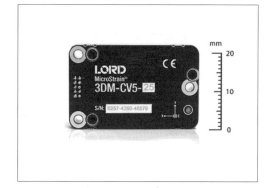

図 11-51　IMU（左：3DM-GX3-25-OEM、右：3DM-CV5-25）　　（写真提供：LORD Corporation）

11-5-10　I/F 基板用部品

　制御コントローラには自作の I/F 基板を使っているが、使っている部品で他の形態でも有用と思われる 2 つの部品について紹介しておく。

DC/DC コンバータ

電源用の DC/DC コンバータで 3.3V 1A 出力の Recom Power R-78C3.3-1.0 を使用している。最大入力電圧が 42V のものを使用しているが、最大入力電圧低いもので、もう少し価格の安いモデルもある。使い方が 3 端子レギュレータと同じであまり知識を要せず、保護機能も付いているのでお勧めする。3 端子レギュレータと比べると効率が良く、省電力になり発熱が少なくなるのもよい。

ICS のインタフェース IC

ICS は 5V TTL の半 2 重シリアル I/F となっていてマイコン等のシリアル I/F をそのまま接続できるわけではなく、マイコンからの制御のハードルの 1 つになっている。近藤科学公式サイトでは回路例が示されているが、専用 IC の方が電気的特性に優れる。現在では近藤科学からシリアル-ICS 変換の IF ボードが販売されているので、1ch のみであればそちらを購入するほうが簡単である。複数 ch 対応で基板を起こす用に、筆者の方で実績のある I/F IC としての TI の SN74LVC1T45 を紹介しておく。マイコン側を 3.3V、サーボに接続する ICS 側が 5V のレベルコンバータとして使用する想定のものだが、筆者は双方に 3.3V を供給し、5V トレラントとして使用している。サーボへは 3.3V にてコマンド送信するが、近藤科学のサーボは動作する（メーカー仕様不定の使い方であることに注意）。また受信は 5V の信号として受信するが、3.3V に変換してマイコンに返すことができる。半二重のため別途通信方向指定の DIR ピンを制御する必要があるので注意すること。

ROBO-ONE 予選競技 4.5m 走での自律慣性航法による制御について

本章冒頭に示した ROBO-ONE の予選競技の 4.5m 走では IMU による自律慣性航法による制御にて、直進している。ロボットにはレーザーポインターを搭載しており、これを照準としてスタート前にロボットの方向を正確にゴール方向に合わせている。このスタート時の方向を基準に IMU にて計測し、正確にまっすぐ走るようにフィードバック制御している。画像処理のように外部を見ていないし、見た目上はただまっすぐ走っているだけに見えるのが、これも自律制御である。ちなみにこの速度と、舵に対する応答時間遅れの大きさからすでに人間の操縦ではまっすぐ走るのは困難である。

11-6 あとがき

さてここまで読んで皆さんはどう思っただろうか、こんな面倒くさいことやってられない？　筆者もそう思う。我ながらよく辿り着いたものである。面倒くさいが、理論的には正しいこと、調査、実験して確かめたことを 1 つひとつ実装し続けた結果である。すべてを書き記すことはできなかったが、こうやってできた事例があることを知っているだけで、皆さんは私よりはるかに少ない労力で実現できるだろう。お得である。ぜひチャレンジされたし。

付録

失敗しないための注意点

失敗は成功のもとという。失敗のないものづくりはないので、夢をもって何でも果敢にチャレンジして欲しい。
しかしながらちょっとしたミス、ちょっとした勘違いでマイコンを壊してしまったなどのトラブルがあると、せっかくスタートしたものづくりの出鼻を挫かれてしまう。
またソフト面でも、ハマってしまいエラーが何日も解消されないと、挫折に繋がってしまう。
みなさんにはちょっとした大きな失敗をしないために、筆者の失敗も含めて、初心者が陥りやすいトラブルとそれを防ぐための方法を、ハード編とソフト編に分けて紹介する。

A-1 ハード編

　ここでは、ハードウェアに関する注意点をまとめる。特に電源関係は致命的な故障に繋がることもあるため、十分な注意が必要だ。また初歩的な内容もあるが、わかっているつもりでミスをする場合もある。ロボットの製作経験がある方も、一度見直してみていただきたい。

A-1-1 電源アダプター

　電源アダプターのプラスマイナスを間違えたら、致命的な故障に繋がるので注意が必要である。通信販売などで低価格の電源を購入する場合は特に注意が必要だ。

- 電圧に注意

　　まず DC 電源か AC 電源かを確認する。ときどき AC9V 出力などというものもあるので要注意である。Arduino で必要なのは DC 電源である。

図 A-1　電源アダプター

図 A-2　AC 出力の電源アダプター

- コネクタには色々ある。ときどきセンターがマイナスのコネクタもある。Arduino はセンターがプラスである。サイズも種類があるので、自分が使用する Arduino ボードの電源コネクタの口径を確認しておこう。

図 A-3　コネクタの色々

図 A-4　センターがマイナス

図 A-5　センターがプラス

- 出力電圧はぴったりと合っているわけではない。Arduino の規格にあった電源電圧をテスターなどで確認しておこう。
- リチウムポリマーバッテリーの使用にあたっては、電圧に注意したほうがよい。一般にリチウムポリマーバッテリーの電圧は 1 セル 3.7V、2 セル 7.4V、3 セル 11.1V である。満充電時の電圧なども考慮して使用すること。

A-1-2　Arduino ボードは色々な給電方法を持つ

Arduino ボードは図 A-6 に示すように色々なコネクタから給電される。

① USB コネクタから 5V 電源の供給
② 電源ジャックから 7-12V（2A）を供給し、5V 電源の供給
③ シールド等からの電源供給

図 A-6　Arduino Uno の電源コネクタ

　Arduino 互換ボードでは使用している IC チップや三端子レギュレータの仕様が異なる場合があるので、必ず仕様書に従うこと。
　また、モータやサーボモータを使用する場合は外部電源を使用すること。ただし電源電圧が 7-12V で三端子レギュレータの許容範囲に収まっている場合は V_{in} を使用してもよい。

A-1-3　ノイズを考え、はんだ付けで確認をする

　ブレッドボードとジャンパーケーブルで配線し、実験的にプログラム開発を行うのは効率的であるが、動きの激しいロボットに搭載した場合の評価には問題が多い。

付録　失敗しないための注意点

図 A-7　ブレッドボード

図 A-8　ジャンパーケーブル

　なぜなら、振動でノイズが乗ったり、あるいはケーブル等の接触不良、抜けなどで繋がっていないなどがあると、ロボットは正しく動作しない。さっきまでちゃんと動いていたのに、急にロボットが動かなくなったときは断線を疑おう。
　また、振動の多い場合ははんだ付けを行うのがよい。どうしてもジャンパーケーブルを使用する場合はビニールテープなどでしっかり固定するとよい。

A-1-4　9軸センサの方向確認

　本書では9軸センサの評価を行ったが、計測値が何で、センサはどういう方向に設置したかを明確にしておく必要がある。ジャイロセンサの出力は回転方向が同じであれば問題ないが、オイラー角は設置方向で出力が異なる。センサをしっかりと固定しロボットに搭載して、制御プログラムを開発しているとき、制御量をチューニングできなくて困った。調べてみると、ロール軸とピッチ軸を間違えていたことに気が付いて、愕然とした。
　センサ出力はいつでもグラフ表示ができるようにしておき、変更のタイミングで常にチェックするとよい。

A-1-5　計算と現実が合っていることを確認をする

　逆運動学の計算などにおいては、計算式と現実のロボットアームが座標を含めて、合っていることを確認した上で使おう。またロボットのサーボの回転角と逆運動学計算の単位系も合わせておく必要がある。筆者は角度の場合、計算はラジアンを使い、目で見えるサーボの角度などは度を使用している。一般にはMKS単位系を使用するが二足歩行ロボットの場合は脚の長さが短いので、長さの単位にはmmを使用している。

A-1-6　サーボのコネクタは色々ある

サーボのコネクタには色々異なるものがあるようだ。例えば、図A-10はAmazonで購入したものである。一般には図A-9にあるような形状で、差し込み方向は決まる。しかし図A-10のタイプは少しピンがオフセットしているだけで、無理をすれば逆挿しもできてしまう。必ず配線の白黒赤を確認して挿すようにする必要がある。

図A-9　一般のサーボコネクタ

図A-10　要注意のサーボコネクタ

A-1-7　抵抗値は間違えないようにする

LEDを発光させるときに、電流制限の抵抗を入れる。またI^2Cの信号端子はプルアップを推奨されている。抵抗値を間違えるとLEDが明るく光らなかったり、センサから正しくデータが得られないことがある。

カラーコード表を手元において確認しながら使っていこう。

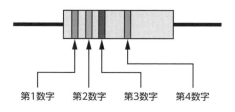

図A-11　抵抗のカラーコード

表 A-1　抵抗のカラーコード一覧

色	第1数字	第2数字	第3数字	第4数字	第5数字
黒	0	0	0	10^0	X
茶	1	1	1	10^1	±1%
赤	2	2	2	10^2	±2%
橙	3	3	3	10^3	X
黄	4	4	4	10^4	X
緑	5	5	5	10^5	X
青	6	6	6	10^6	X
紫	7	7	7	10^7	X
灰	8	8	8	10^8	X
白	9	9	9	10^9	X
金	X	X	X	10^{-1}	±5%
銀	X	X	X	10^{-2}	±10%
無色	X	X	X	X	±20%

A-2　ソフト編

ここでは、ソフトウェアに関する注意点をまとめる。ロボットのプログラム作成の際に、注意しておくとスムーズに進められるので、一読いただきたい。

A-2-1　シリアルサーボには電源をいれて、エラーを確認する

サーボは別電源で使用するのが一般的である。プログラム開発においては USB 電源で十分行える。しかしシリアルサーボは電源を入れなければコミュニケーションができない。最終確認のときは電源をいれて、各サーボモータからエラーの LED が点灯していないかを確認し、プログラムを実行して確認しよう。

A-2-2　エラーの解決方法

プログラムをコンパイルしてエラーが発生したら、試行錯誤するより、エラー表示をコピーしてGoogle 等で検索をかけるとよい。英文のほうが多くの情報があるので、翻訳サイトと組み合わせてでも、英文を読むのが解決への近道である。

A-2-3　スケッチ名の付け方

　スケッチ名は長くてもよいので、できるだけ内容が分かるようにしておこう。人はすぐに忘れてしまうものだ。またスケッチ名の頭には数字は使えないので注意しよう。例えば、kondo_servo_control.ino などとすればよい。

索引　Index

ア行

挨拶モーション	220
アイドリング	201
アーキテクチャ	254
足裏のグリップ	227
足踏みのスケッチ	145
アルミ A2017	172
アルミ A5052	173
安定化電源	186
位置制御誤差	242
イナーシャ	243
イリサート	266
インサート	266
インシュロック	177
インタフェース IC	270
インタフェース	28
ウィークポイント	169
腕の振り上げ姿勢	226
エラー	276
オイラー角	274
大技	11, 16
起き上がり	201, 218
起き上がりモーション	230
オブザーバ	131
温度情報	50

カ行

回転角度	225
書き込み	95
画像認識	167
加速度センサ	124, 162
片軸	202
カーボンファイバー板	173
構え	217
カメラ	162
カラーコード	275
カルマンフィルタ	131
関数	89
ギアレシオ	250, 262
疑似直線	247
疑似直線リンク	246
疑似直線リンク機構	247
キー配置	229
基本姿勢	220
基本部品	215
逆運動学	3, 144
逆運動学ルーチン	113, 145
給電方法	273
競技規則	14
共通化	158
クォータニオン	136
駆動電圧	261
グラステープ	178
グラスファイバー板	174
グリッパー形状	159
グリップ材	267
グルーガン	185
結束バンド	177
ケーブル	177
ケーブルの損傷	187
攻撃	170
攻撃方法	168, 171
公認ロボット	13
効率化	158
股関節ロール軸	251
腰の回転軸	225
コネクタ	272, 275

279

索引

コマンド 94
コマンドヘッダ 94
転がり軸受 176
コントローラへの割り当て 232
コントロールテーブル 33, 55
コンプライアンス制御 51

サ行

差動駆動型のリンク機構 243
サーボ 26, 27
サーボアーム 214, 215
サーボコネクタ 37
サーボの改造 257
サーボの仕組み 28
サーボの選定 171
サーボのメンテナンス 186
サーボブラケット 111
サーボマネージャ 40
サーボモータ 2, 26, 214, 215

治具 264
軸受 202
シーケンス 228, 230
自己分析 191, 195
姿勢センサ 124
竹刀 118
シナ共合板 175
ジャイロセンサ 124
しゃがみ攻撃 16
しゃがみ歩行 16
ジャンプのスケッチ 148
重心安定姿勢 226
重心移動 226
出力サービス 182
受動部品 99
ジュラルミン 172
順運動学 2
衝撃吸収 210
小コンセプト 192, 196
シリアル・クロックライン 76
シリアル通信 31, 74
シリアル・データライン 76

シリアルモード 38
自律動作 167
シールド 78

すくい上げ 18
すくい投げ 19
スケッチ 69
スケッチ名 277
スター結線 31
スタンド 119
捨て身技 16
スパイラルチューブ 177
滑り材 267
滑り軸受 176
滑りテープ 177
滑り止めテープ 177
スリップ 15
スレーブロボット 166

制御コントローラ 252
設計コンセプト 191
切削サービス 180
前進移動モーション 229
前転キック 20

ソフトウェア 200
ソフトウェアシリアル 88

タ行

待機 217
大コンセプト 192, 195
タイマー 145
タイム 16
ダウン 15
ダブルアッパー 217
ダブルサーボ 39, 164
断線 274
超音波カッター 184
直線運動 216

通信プロトコル 32

抵抗値	275
低重心	159
デジタル I/O	74
デジタルはかり	184
電圧	257, 272
電源アダプター	272
電動ドライバー	183
電流値	50
同期動作	50
土台	164

ナ行

ナイロン	265
ナイロンナット	176
長穴式	251
二関節筋	245
肉抜き	172
ニュートラル位置	93
ねじの緩み	187
ねじロック剤	211
ノイズ	274

ハ行

配線	208
配線ケーブル	268
パケット	32
破断恐れ箇所	187
バックドライブ性	250
バッテリー	179
ハードウェア	196
ハードウェアシリアル	88
ハードテフロンシート	178
バネ	251, 264
パラメータ	38
バリ取りナイフ	181
パルス幅変調	74
反力	244
パンチモーション	224
膝ダブルサーボ構成	243
ピッチ	125
ピッチ軸構成	242
ピッチング	125
ひねりたおし	19
標準化	234
ブッシュ	176
踏み込み攻撃	159
踏み込みすくい上げ	205
ブラケット	111
フランジ	111
フランジ付きベアリング	267
フリー軸	204
フルード	239
フレーム設計	163, 172
フレームの剛性	172
ブロードキャスト	51
分岐モーション	228, 229
ベアリング	176, 203
平行リンク	161, 243, 249
防御	171
歩行スケッチ	148
ポジションコマンド	94
ポジション命令	89
ホストコントローラ	34, 57
ホットボンド	185, 210
ボトムケース	260
ポリアセタール	174
ポリアミド	265
ポリカーボネート	174

マ行

マイコンボード	45
曲げ機	181
マスタースレーブ	166
マスタースレーブ方式	33
マスターロボット	166

索引

マルチドロップ接続 30, 41

右ストレート 217

面 114

目的 191
目標 191, 194
モーション 214, 218
モーションエディタ 220
モーションの確認 187

ヤ行

ヨー 125
ヨーイング 125
横攻撃 17
予備攻撃 233
読み出し 95

ラ行

ライブラリ 85, 89
落下防止センサ 161

リアルタイム制御システム 256

レーザ式測域センサ 162

ローリング 125
ロール 125
ロボットアーム 110
ロボットの構造 214

ワ行

ワイヤーストリッパー 184
割り当て 231

英数字

ABS 175
A/D コンバータ 74

AJ シリーズ 47
analogRead( ) 74
angP_now 151
angR_now 151
Arduino 6, 68
Arduino IDE 69
Arduino Uno 112
ATmega328P 73

B3M シリーズ 38
bps 32

CFRP 173
CNC 180

Data Frame 32
DC/DC コンバータ 270
digitalWrite( ) 74
Dual USB アダプター HS 41
DXMIO 60
Dynamixel 52

EIA-232-D 29
EIA-485 29

FPGA 253

getPos( ) 90
getSpd( ) 90
getStrc( ) 90
GFRP 174
gyP_now 151
gyR_now 151

HeartToHeart4 .... 42, 220

I/O シールド 78, 112
I2C 76
ICS 38
IMU 269
Inertial Measurement Unit 269

KCB-5 166

索引

KRS-2552RHV ICS 36
KRS-3301 ICS 36
KRS-4034HV ICS 35
KRS-6003R2HV ICS 35
krs.begin( ) 93
KRS シリーズ 34

loop( ) 79

Move 101

OpenCR1.0 59

Parallel Elastic Acutuator 251
PC 174
PID 制御 242
pinMode( ) 74
POM 174
PSD センサ 162
PWM 29, 74
PWM 制御 42
PWM モード 38

RCB-3 165
RCB-4HV 42
ReadAngle 102
ROBO-ONE 10, 12, 159
ROBO-ONE auto 14, 161
ROBO-ONE Light 12, 160
ROBO- 剣 20, 162
RS-232C 29
RS-485 29

RS シリーズ 46
rxCmd 98

SCL 76
SDA 76
Selective Laser Sintering 265
Serial.read( ) 116
setFree( ) 90
setPos( ) 89, 91, 93, 95
setSpd( ) 90
setStrc( ) 90
setup( ) 79
sizeof 98
SLS 265
SPI 77
synchronize( ) 97

ToF 距離センサ 82
TTL 30

USART 75
USB シリアル I/F 57

WaitReadAngle 102

ZH コネクタ 37, 210
zynq 252

3D プリンター 182
4 節リンク型 252
9 軸慣性計測ユニット 125
9 軸センサ 124

執筆者略歴

〈編者〉
一般社団法人二足歩行ロボット協会
2014年4月に一般社団法人として設立。
任意団体「ROBO-ONE委員会」(2002～2014年)を母体としており、二足歩行ロボット格闘技大会「ROBO-ONE」をとおして二足歩行ロボットの普及促進とその開発に関わるエンジニアの育成などを行う。
http://biped-robot.or.jp/

〈1～7章、付録〉
西村 輝一（にしむら　てるかず）
1952年5月生まれ、岡山大学工学部電気電子工学科卒業。修士（工学）
株式会社人工知能ロボット研究所　代表取締役
一般社団法人二足歩行ロボット協会　理事長

〈3章、4章〉
近藤 博信（こんどう　ひろのぶ）
近藤科学株式会社　専務取締役
一般社団法人二足歩行ロボット協会　理事

〈3章、4章〉
鈴木 康之（すずき　やすゆき）
1960年12月生まれ。
千葉県出身（いすみ鉄道沿線）
双葉電子工業株式会社勤務
2004年からROBO-ONE委員
趣味はバイクと天体写真撮影

〈8章〉
内海 宏（うちうみ　ひろし）
1968年3月生まれ、東海大学工学部建築学部卒業。
現在はゼネコンの設計部でBIMの推進等を行っている1級建築士。仕事の合間に二足歩行ロボットを作りROBO-ONEやキャラクタロボットの大会に参加している。

〈9章〉
中井 裕斗（なかい　ゆうと）
1996年1月生まれ。
高校までものづくりとは無縁の生活だったが、大学に進み就職活動のためになればとロボット部に入部。部活動の過程でROBO-ONEに出会い、ものづくりに魅了される。
2018年春から社会人。

〈10章〉
森永 英一郎（もりなが　えいいちろう）
1961年12月生まれ。
大手電機メーカに勤務。新しい時代を築く商品開発を担当している。ROBO-ONEは第1回大会からMetallic Fighter（メタリックファイター）で参加。マイクロマウスなどにも参加しており、ロボット歴は35年。

〈11章〉
FrostyDesign（フロスティデザイン）
某総合電機メーカに勤めながら趣味で二足歩行ロボット開発。現在は転職してロボット開発に従事。ROBO-ONEでは何度も予選1位になるも、本選での優勝はなし。
blog：http://frostyorange.blog.shinobi.jp/

- 本書の内容に関する質問は、オーム社書籍編集局「(書名を明記)」係宛に、書状または FAX(03-3293-2824)、E-mail(shoseki@ohmsha.co.jp)にてお願いします。お受けできる質問は本書で紹介した内容に限らせていただきます。なお、電話での質問にはお答えできませんので、あらかじめご了承ください。
- 万一、落丁・乱丁の場合は、送料当社負担でお取替えいたします。当社販売課宛にお送りください。
- 本書の一部の複写複製を希望される場合は、本書扉裏を参照してください。

JCOPY ＜(社)出版者著作権管理機構 委託出版物＞

ROBO-ONE にチャレンジ！
二足歩行ロボット自作ガイド

| 平成 30 年 4 月 25 日 | 第 1 版第 1 刷発行 |
| 平成 30 年 10 月 30 日 | 第 1 版第 2 刷発行 |

編 者 一般社団法人二足歩行ロボット協会
発行者 村上和夫
発行所 株式会社オーム社
　　　　郵便番号　101-8460
　　　　東京都千代田区神田錦町 3-1
　　　　電話　03(3233)0641(代表)
　　　　URL　https://www.ohmsha.co.jp/

© 一般社団法人二足歩行ロボット協会 2018

組版　トップスタジオ　　印刷・製本　壮光舎印刷
ISBN978-4-274-22211-5　Printed in Japan

ロボットのことを知るなら、ロボマガが一番

A4変形判　偶数月15日発売（隔月刊）
本体1,000円＋税

ロボットを
「知りたい」「作りたい」
にもっと応えます！

災害対応や生活支援など、
実用化に向かう
ロボット技術の動向を解説

さまざまなロボコンに参加
している学校・サークルの
活動も紹介

手軽な電子工作や
初心者向けロボット工作・プログラミングから
より高度な製作ノウハウまで掲載

電子版も販売中！

お取扱い電子書店
- Amazon Kindle
- honto
- Kinoppy
- Fujisan.co.jp
- 楽天Kobo
- BookLive!
- iBooks
- ReaderStore

URL	https://www.ohmsha.co.jp/robocon/
メールマガジン	https://www.ohmsha.co.jp/robocon/s_robocon.htm
facebook	https://www.facebook.com/robomaga
Twitter ID	@robomaga

もっと詳しい情報をお届けできます。
○書店に商品がない場合または直接ご注文の場合も右記宛にご連絡ください。

ホームページ　https://www.ohmsha.co.jp/
TEL／FAX　TEL.03-3233-0643　FAX.03-3233-3440

（本体価格は変更される場合があります）

C-1712-144